도형이 쉬워지는

알지오 매스

수학코딩 탐정단

수학코딩 탐정단

글쓴이 박소연, 유진, 이은후, 이정원 | **그린이** 손하연

AlgeoMath

교육 R&D에 앞서가는
Key 키출판사

알지오 수학 탐정단을 소개합니다

지오

수학과 코딩에 타고난 천재. 쓰러져가는 탐정 사무소를 일으켜 세우기 위해 아리를 영입한다. 잘난 척하며 아리와 매스경감을 얕잡아 볼 때도 있지만, 이들과 함께하는 알지오매스 탐정 사무소에 그 누구보다 애착이 강하다.

매스 경감

알지오매스 시티 경찰서에서 17년째 근속 중인 베테랑 경감…인 듯하지만 볼수록 허당이다. 처음에는 탐정 사무소를 경계하는 모습을 보였으나, 점점 도움을 요청하더니 이젠 아리와 지오가 없으면 사건을 어떻게 해결하나 싶다.

아리

수학 시험을 망친 어느 날. 수상한 탐정 사무소에 홀린 듯 들어가면서 지오와 함께 각종 사건에 휘말리게 된다. 소심하고 걱정도 많지만, 어려움에 처한 의뢰인을 보면 그냥 지나치지 못하는 감성형 탐정!

추천사

장혜원 • 서울교육대학교 교수

교과서에 제시된 도형 그림과 컴퓨터에서 학생이 직접 그린 도형 그림은 수학 교육적으로 엄청난 차이를 지닙니다. 탐구형 기하 소프트웨어인 알지오매스를 이용해 학생 스스로 도형을 그리는 경험은 역동성을 기반으로 하여 수학적 개념에 대한 진정한 이해를 독려하기 때문입니다. 이 책은 현직 초등학교 선생님들의 교실 경험을 토대로, 흥미로운 이야기로부터 출발하는 학습 맥락을 제공합니다. 책을 펴고 차근차근 이야기에 빠져들다 보면 어느새 도형에, 그리고 코딩에 흠뻑 몰입해 있는 자신을 발견할 수 있을 겁니다.

김수현 • 서울정수초등학교 교사

코딩과 수학, 그리고 이것의 융합을 위해 다년간 의기투합하는 찬란한 눈빛을 가까이에서 보았습니다. 그 노력의 결정체가 바로 이 책입니다. 이 책은 수학과 코딩을 함께 다룸으로써, 그저 기존에 공식만 훑어 외워야 했던 수학 개념을 아이들이 스스로 깨우칠 수 있게 도와줍니다. 『알지오매스 수학코딩 탐정단』과 함께 '아하!' 하고 무릎을 탁! 치며 뿌듯해 하는 아이들의 모습을 넘치는 응원으로 함께해 주세요!

이호 • 한국과학창의재단 연구원

'어렵고 재미없는 수학, 게다가 머리 아픈 코딩이라니'라는 생각이 든다면 이 책을 꼭 읽어 보길 권합니다. 지긋지긋한 수학 문제 풀이에서 벗어나 어느새 사건을 하나씩 해결해 보는 재미에 푹 빠져 수학과 코딩을 즐기게 될 것입니다.

장석원 • 서울돈암초등학교 교사 • 영재교육원 강사

교과서 속 수학이 따분하고 지루하다면? 코딩이 수학과 대체 어떤 관련이 있는지 궁금하다면? 여기 이런 고민을 겪고 있는 친구들에게 딱! 필요한 책, 『알지오매스 수학코딩 탐정단』을 소개합니다. 이 책과 함께 알지오매스 속에서 문제를 해결하다 보면 어느새 즐겁게 수학과 코딩을 배우는 여러분의 모습을 발견할 수 있을 겁니다. 단순히 외우는 공부가 아니라, 재미있게 즐기며 수학, 그리고 코딩을 공부하고 싶다면 이 책과 함께 하세요.

학생 체험 후기

서울G초등학교와 서울J초등학교에서 『알지오매스 수학코딩 탐정단』
교재로 먼저 공부해 본 학생들의 후기입니다.

아리, 지오랑 문제를 해결하는 것이 재미있었고,
신기한 도형을 많이 그릴 수 있어서 뿌듯했다.
나는 앞으로도 수학 공부를 할 때 알지오매스를
써서 쉽게 할 거다.

3학년 박★★

사다리꼴이랑 평행사변형을 알지오매스로
배우고 그렸는데, 길이랑 각이 정확히 맞아
떨어지는 게 엄청 쾌감이 있었다.
수학이 이렇게 재미있는 건 처음이다.

4학년 민★★

알봇으로 정삼각형을 만들었을 때
완성되는 순간이 감동적이었다.
오래오래 기억에 남을 것 같다.

4학년 유★★

수학 공부를 할 때에는 항상 문제를 풀었는데
알지오매스를 하면서 작품을 만들며 공부하니까
지루하지 않았다.

5학년 이★★

학원에서 원의 넓이 공식을 배웠을 때에는
잘 안 외워져서 너무 괴로웠는데, 원을
직접 자르면서 하니까 머릿속에 팍 들어와서
신기하고 재미있었다.

6학년 신★★

교과서에 자로 그릴 때보다 알지오매스로
도형을 쉽게 만드니까 공부가 더 잘 됐다.
수학 실력이 올라간 것 같다.

4학년 권★★

처음에는 알지오매스가 조금 낯설게 느껴졌지만
공부를 다 하고 나니까 더 이해가 잘 되어서
기분이 좋았다. 이번 주 수학 시험을
잘 볼 수 있을 것 같다.

4학년 유★★

손으로 나비를 움직이면서 선대칭도형을 엄청
많이 만들었다. 대칭축을 내 마음대로 움직이면
서 관찰하니까 꼭 게임을 하는 것 같이 신기했다.
선대칭도형으로 다른 실험도 해 볼 거다.

5학년 고★★

코딩으로 프랙탈 카펫을 그렸는데 같은 모양도
코딩하는 방법이 여러 가지인 점이 매력적인
것 같다. 더 효율적이고 아름다운 프랙탈 도형을
그리기에 도전할 것이다.

6학년 김★★

처음에는 수학 코딩이라고 해서 낯설고 어려울
것 같았는데, 책을 따라서 블록을 조립하다
보니까 금방 도형이 완성됐다. 누가 수학 코딩을
물어보면 자신 있게 가르쳐 줄 것이다.

6학년 장★★

이 책의 탄생 배경

"수학과 코딩은 이미 우리 생활 깊숙이 들어와 있다."

알지오 수학 탐정단이 될 여러분, 만나서 반가워요!

여러분은 수학과 코딩, 이 두 가지 말을 들으면 어떤 생각이 드나요?
어렵다? 지루하다?

부모님과 선생님께서 수학과 코딩이 중요하다고 하셔서 알고는 있지만, 왜 중요한지는 잘 모르는 친구들이 많을 겁니다. 수학과 코딩이 왜 중요한지 생각해 보기 전에 먼저 여러분의 일상을 살펴봅시다.

아침에 일어나면 스마트폰의 알람을 끄고, 텔레비전을 보며 아침 식사를 합니다. 신호등을 보고 횡단보도를 건너 학교에 도착해 수업을 듣지요. 학교에서 집으로 돌아갈 때는 버스 정류장에서 버스 안내판을 보고 내가 탈 버스가 언제 올지 확인합니다. 주말에는 자율주행차를 타고 나들이를 가지요. 스마트폰과 텔레비전, 신호등, 버스 안내판과 자율주행차. 이 모든 것은 코딩된 소프트웨어가 하드웨어 속에서 작동하도록 만들어졌기 때문에 가능한 것이랍니다. 아마 인류가 코딩을 하지 못했다면 이 모든 편리한 물건과 시설들은 만들어질 수 없었을 거예요.

우리가 사는 세상은 코딩으로 만들어지고 코딩으로 작동합니다. 그리고 코딩의 바탕에는 수학이 있지요. 수학적 사고력은 우리가 항상 일관적이고 논리적으로 코딩을 할 수 있게 합니다. 논리적, 수학적 사고력이 없다면 코딩을 하기 쉽지 않을 거예요. 이처럼 수학과 코딩은 떼려야 뗄 수 없는 관계입니다. 그런데도 우리는 수학과 코딩이 어떻게 연결되는지 잘 모르고 있지요. 이 책은 우리가 교과서에서 배우는 수학과 코딩을 직접 눈으로 보고 손으로 만질 수 있도록 만들어졌습니다.

"알지오매스 프로그램은요!"

이 책을 통해 처음 '알지오매스'를 접한 여러분은 아직 이 프로그램이 생소할 거예요. 대수(Algebra)부터 기하(Geometry)까지의 모든 수학(Mathematics)을 다루는 소프트웨어라는 의미인 알지오매스(Algeomath)는 교육부와 한국과학창의재단이 17개 시도 교육청과 함께 개발한 수학 실험탐구용 소프트웨어입니다. 초등학생부터 고등학생까지 누구나 쉽고 재미있게 수학을 탐구할 수 있도록 우리나라 수학 교육과정에 최적화되어 있으며, 사용법을 매우 쉽게 익힐 수 있다는 장점이 있답니다.

이 책은 삼각형, 사각형, 원, 규칙과 대응, 비와 비율, 다각형의 넓이 등 수학 교과서에 등장하는 내용을 알지오매스 프로그램 속에서 자연스럽고 직관적으로 배울 수 있도록 만들어졌답니다. 수학 수업에서 꼭 필요했던 컴퍼스와 자가 없어도 정확하게 도형을 그리고 측정할 수 있고, 때로는 복잡한 수학적 과정을 코딩으로 매우 단순하게 해결할 수 있습니다. 이 책과 함께라면 원리를 모른 채 정의와 공식만 외워서 해결했던 수학의 여러 문제를 정확히 이해하고 내 것으로 만들 수 있답니다.

자, 이제 『알지오매스 수학코딩 탐정단』의 책장을 넘겨 알지오매스의 매력에 깊이 빠져 봅시다.

아리, 지오 탐정과 함께 알지오 수학 탐정단이 되어 사건을 해결할 중요한 수학 단서와 알지오매스 단서를 찾고, 차근차근 사건을 해결하다 보면 어느새 수학적 문제해결력은 물론, 컴퓨팅 사고력까지 겸비하게 된 여러분을 발견할 수 있을 거예요.

우리 함께 출발해 볼까요?

이 책의 구성과 특성

오늘은 또 무슨 일이?

스토리텔링을 통한 문제 제시

탐정 사무소에 오늘은 또 무슨 일이 벌어질까요? 문제를 어떻게 해결하면 좋을지 아리, 지오와 함께 생각해 보세요.
만화 속에서 아리와 지오, 그리고 매스 경감님이 나누는 대화를 통해 문제를 해결할 수 있는 단서도 얻을 수 있답니다.

단서 수집하기

문제 해결을 위한 단서 찾기

만화 속에서 현장 단서를 찾은 후

수학 단서를 통해
교과서 속 수학 개념을 챙기고

알지오매스 단서를 통해
알지오매스 기능까지
꼼꼼하게 챙겨 보세요.

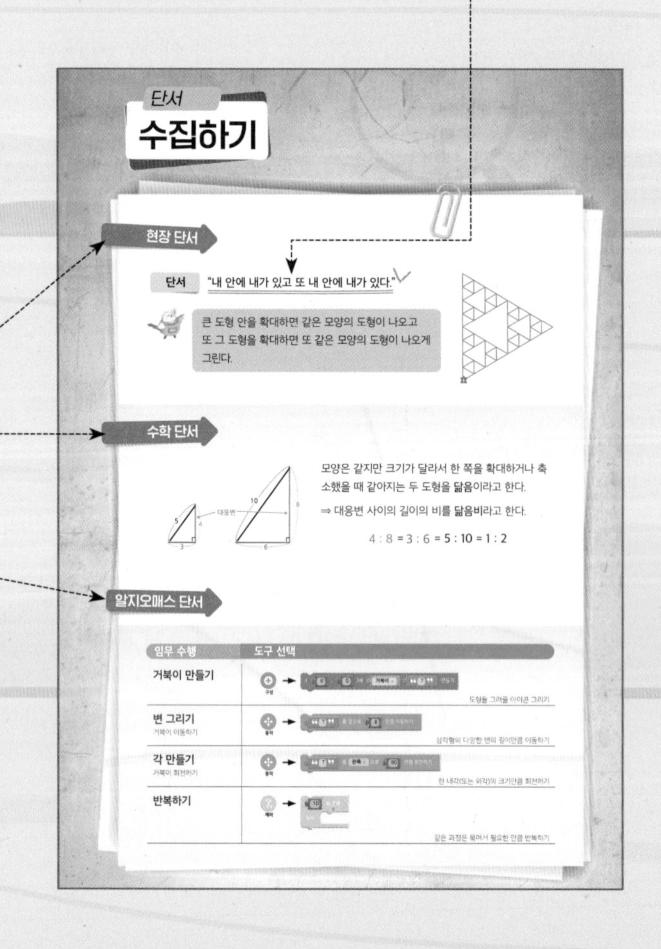

단서 수집하기
현장 단서
단서 "내 안에 내가 있고 또 내 안에 내가 있다."
큰 도형 안을 확대하면 같은 모양의 도형이 나오고 또 그 도형을 확대하면 또 같은 모양의 도형이 나오게 그린다.
수학 단서
모양은 같지만 크기가 달라서 한 쪽을 확대하거나 축소했을 때 같아지는 두 도형을 닮음이라고 한다.
⇒ 대응변 사이의 길이의 비를 닮음비라고 한다.
4 : 8 = 3 : 6 = 5 : 10 = 1 : 2
알지오매스 단서
임무 수행
도구 선택
거북이 만들기
변 그리기
각 만들기
반복하기

사건 해결하기

단계별 문제 해결

단계별로 알지오매스를
차근차근 따라해 보세요.

알지오매스 화면에서 어떻게 보이는지
그림을 통해 바로 알 수 있어요.

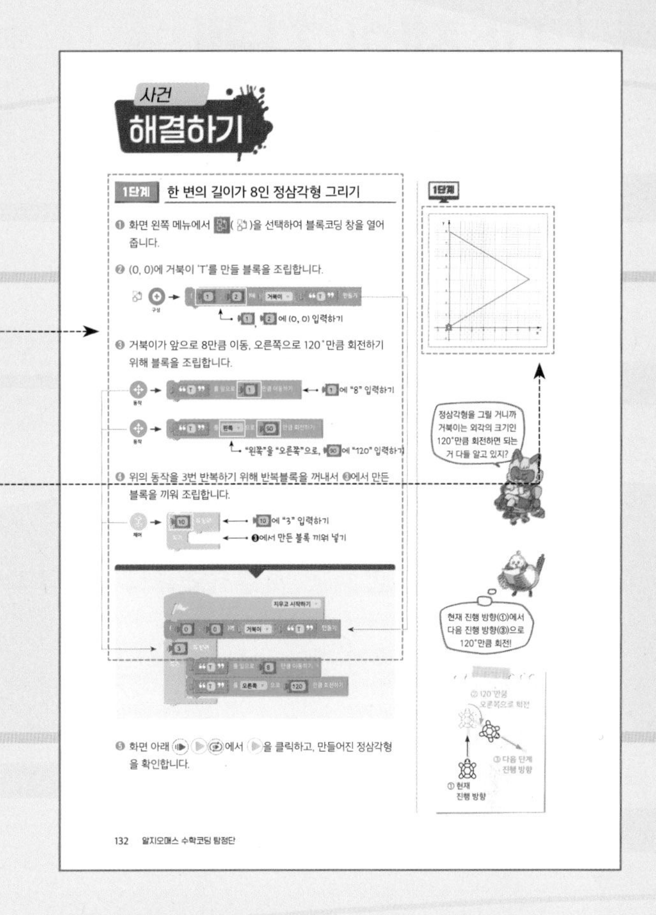
사건
해결하기

1단계 한 변의 길이가 8인 정삼각형 그리기

❶ 화면 왼쪽 메뉴에서 ( )을 선택하여 블록코딩 창을 열어 줍니다.

❷ (0, 0)에 거북이 'T'를 만들 블록을 조립합니다.

❸ 거북이가 앞으로 8만큼 이동, 오른쪽으로 120°만큼 회전하기 위해 블록을 조립합니다.

❹ 위의 동작을 3번 반복하기 위해 반복블록을 꺼내서 ❸에서 만든 블록을 끼워 조립합니다.

❺ 화면 아래 에서 을 클릭하고, 만들어진 정삼각형을 확인합니다.

132 알지오매스 수학코딩 탐정단

혼자서는 어려울 것 같다고요?
곳곳에서 우리 탐정단이 돋보기를 들고,
도움을 줄 테니 걱정 말아요!

사건수첩

수학 개념 되짚기

아리와 지오는 사건을 해결할 때마다 실마리가 되었던 수학 개념을 정리하는 꼼꼼한 탐정단이에요. 사건수첩이 두꺼워질수록 내 수학 실력도 쑥쑥!!

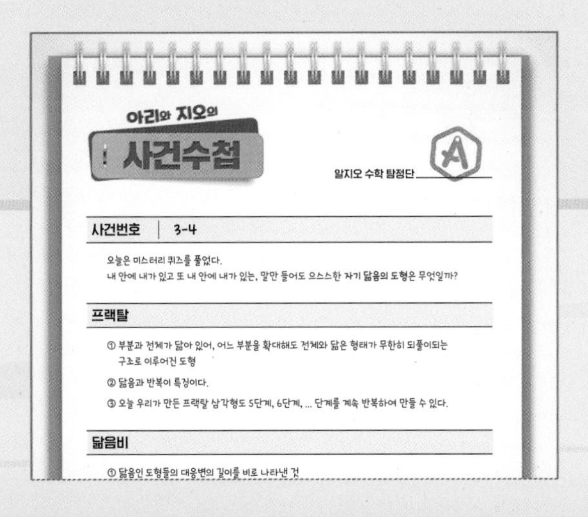
아리와 지오의
사건수첩

알지오 수학 탐정단

사건번호 | 3-4

오늘은 미스터리 퀴즈를 풀었다.
내 안에 내가 있고 또 내 안에 내가 있는, 말만 들어도 으스스한 자기 닮음의 도형은 무엇일까?

프랙탈

① 부분과 전체가 닮아 있어, 어느 부분을 확대해도 전체와 닮은 형태가 무한히 되풀이되는 구조로 이루어진 도형
② 닮음과 반복이 특징이다.
③ 오늘 우리가 만든 프랙탈 삼각형도 5단계, 6단계, ... 단계를 계속 반복하여 만들 수 있다.

닮음비

① 닮음인 도형들의 대응변의 길이를 비로 나타낸 것

의뢰인의 편지

심화 학습

사건을 해결할 때마다 의뢰인에게 감사의 편지가 오네요. 이 편지에는 여러분의 수학 코딩 실력을 한 단계 더 높여 줄 새로운 임무도 담겨 있답니다.

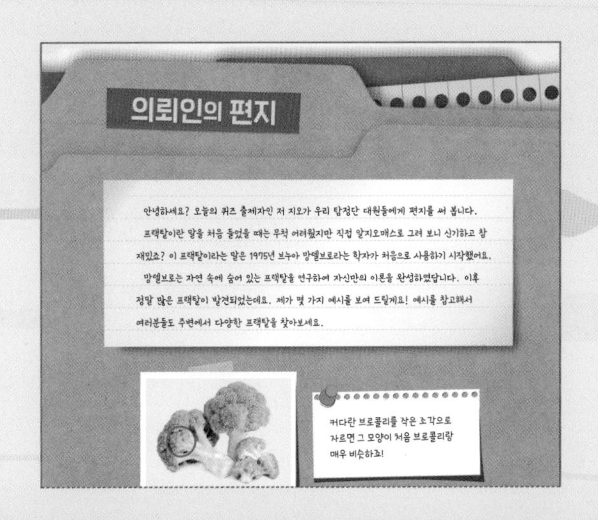
의뢰인의 편지

안녕하세요? 오늘의 퀴즈 출제자인 저 지오가 우리 탐정단 대원들에게 편지를 써 봅니다.
프랙탈이란 말을 처음 들었을 때는 무척 어려웠지만 직접 알지오매스로 그려 보니 신기하고 참 재밌죠? 이 프랙탈이라는 말은 1975년 브누아 망델브로라는 학자가 처음으로 사용하기 시작했어요.
망델브로는 자연 속에 숨어 있는 프랙탈을 연구하여 자신만의 이론을 완성하였답니다. 이후 정말 많은 프랙탈이 발견되었는데요, 제가 몇 가지 예시를 보여 드릴게요! 예시를 참고해서 여러분들도 주변에서 다양한 프랙탈을 찾아보세요.

커다란 브로콜리를 작은 조각으로 자르면 그 모양이 처음 브로콜리랑 매우 비슷하죠!

이 책의 차례

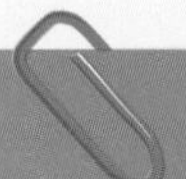

1부 · 알지오매스 만나기

2부 · 알지오 2D

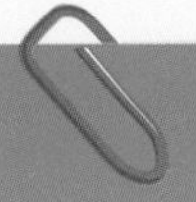

3부 · 알지오매스 블록코딩

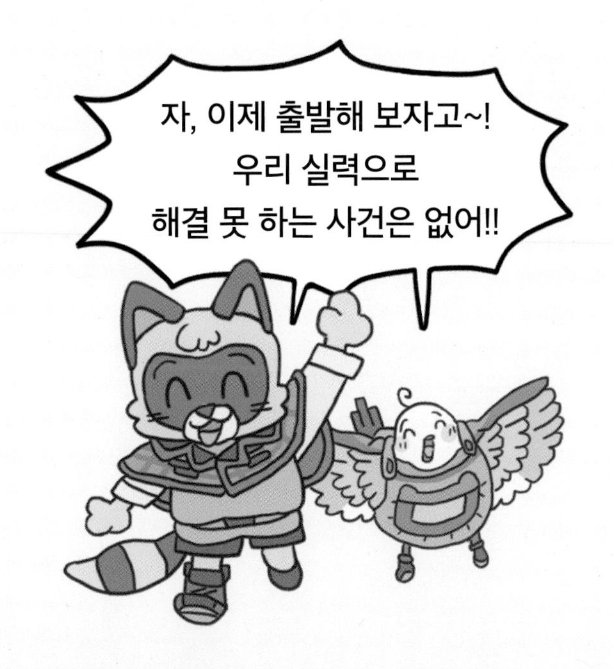

자, 이제 출발해 보자고~!
우리 실력으로
해결 못 하는 사건은 없어!!

Lorem ipsum dolor sit amet, consectetur adipiscing elit. Phasellus quis accumsan lorem. Integer posuere fringilla odio ac rhoncus. Cras accumsan facilisis leo, cursus enim tempus id. Nam accumsan ultrices [illegible] ut finibus. Nullam ut nisl nisl. Donec fermentum [illegible] amet nisl non ullamcorper. Aliquam rutrum tor[illegible] vestibulum sollicitudin. Etiam vel mauris quam. U[illegible] tristique ultricies odio, a porttitor orci laoreet ege[illegible] Cras augue ante, convallis nec massa id, pharetra tem[illegible]or nisi. Duis cursus porttitor tincidunt. Mauris biber[illegible]um odio sed nibh vestibulum volutpat. Donec id er[illegible] ullamcorper, luctus odio ac, ornare elit. Orci var[illegible] natoque penatibus et magnis dis parturient mo[illegible]tes, nascetur ridiculus mus. Curabitur feugiat tincid[illegible]nt sapien, vel feugiat dolor maximus eu. Morbi [illegible] sapien in imperdiet pulvinar.

Vivamus varius at nulla porta euismod. Etia[illegible] ullamcorper ipsum ac libero lacinia egestas [illegible] odio mauris, scelerisque eu justo a, [illegible] sem. Aenean aliquam era[illegible] sit amet quis orci [illegible] dapibus [illegible]

알지오매스 만나기

사건번호 1-1 · 수상한 탐정 사무소

사건번호 1-2 · 알지오 수학 탐정단의 영업 비밀

사건번호 1-3 · 몰래 온 손님

알지오매스는 PC 또는 태블릿을
이용하여 무료로 사용이 가능한
수학 실험탐구용 소프트웨어랍니다.

알지오 수학 탐정단

대원 ★ 모집

조 건

1. 놀면서 수학 실력을 키우고 싶은 자

2. 신비한 사건들을 다 같이 힘을 합쳐 해결해 보고 싶은 자

3. 사무실 청소를 잘하는 자
4. 전단지를 잘 돌리는 자

알지오 수학 탐정단

준비물 컴퓨터 또는 태블릿, 인터넷 환경, 이메일 주소

※ 컴퓨터 사용이 익숙하지 않다면, 오늘은 부모님과 함께 해요!

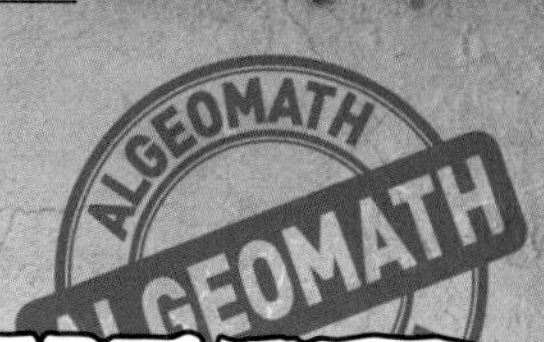

수상한 탐정 사무소

사건번호 1-1

알지오매스 접속하기

1단계 준비하기

❶ 인터넷이 연결된 PC 또는 태블릿을 켜 주세요.

❷ 크롬 또는 웨일 등의 웹 브라우저에 접속합니다. (익스플로러, 사파리에서는 사용이 어려워요.)

❸ 회원가입을 하려면 이메일 계정이 필요하니 미리 준비해 주세요.

잠깐!

알지오매스는 '크롬 웹 브라우저'에 최적화되어 있어요. 자주 사용하는 인터넷 검색창에 '크롬(chrome)'을 입력하여 검색하거나, 오른쪽 QR코드를 찍어 보세요. 직접 다운받을 수 있는 링크 주소를 입력해도 좋습니다.

⇨ https://www.google.com/chrome

크롬 다운로드

2단계 알지오매스 홈페이지 접속

❶ 위와 같이 주소창에 알지오매스 주소(www.algeomath.kr)를 입력하고 엔터 키()를 눌러 줍니다.

잠깐!

회원가입을 하지 않아도 알지오매스를 이용할 수 있어요. 하지만 학습을 위해 탐정단이 만들어 놓은 도안을 열거나, 내가 만든 작품을 저장하고 모둠에 업로드하기 위해서 회원가입 후 이용하도록 해요.

가입하고 로그인하기

1단계 회원가입하고 로그인하기

❶ 화면 오른쪽 위 회원가입을 클릭합니다.

❷ 이메일을 입력하고, 중복확인 버튼을 클릭하세요.

❸ 중복확인 후 인증번호요청 버튼을 클릭하세요.

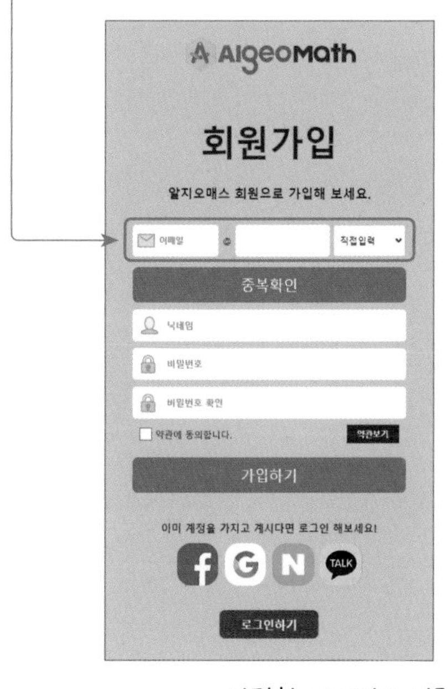

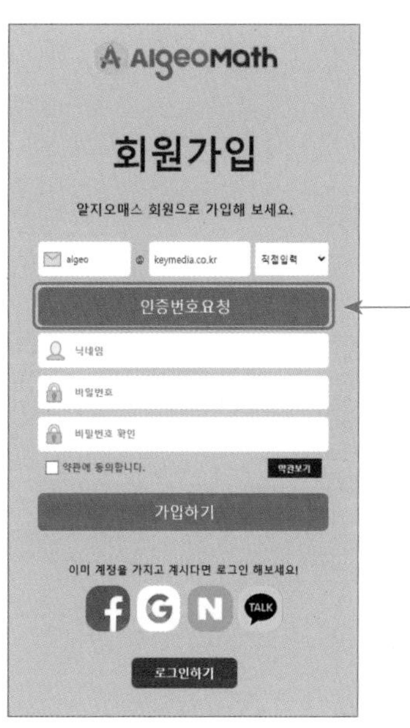

입력한 이메일로 인증번호가 발송됩니다.
메일을 확인하여 인증번호를 입력하세요.

❹ 닉네임과 비밀번호를 입력하고 가입을 완료합니다.

❺ 가입이 완료되었으면, 로그인 버튼을 클릭하여 로그인하세요.

※ ❷에서 입력한 이메일 계정과 ❹에서 입력한 비밀번호로 접속합니다.
'간편 소셜 로그인' 기능도 이용할 수 있으니 참고하세요.

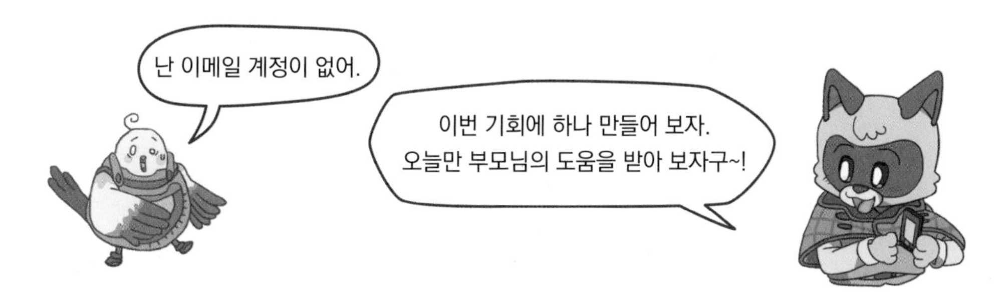

난 이메일 계정이 없어.
이번 기회에 하나 만들어 보자.
오늘만 부모님의 도움을 받아 보자구~!

메뉴 둘러보기

1단계 알지오 2D 살펴보기

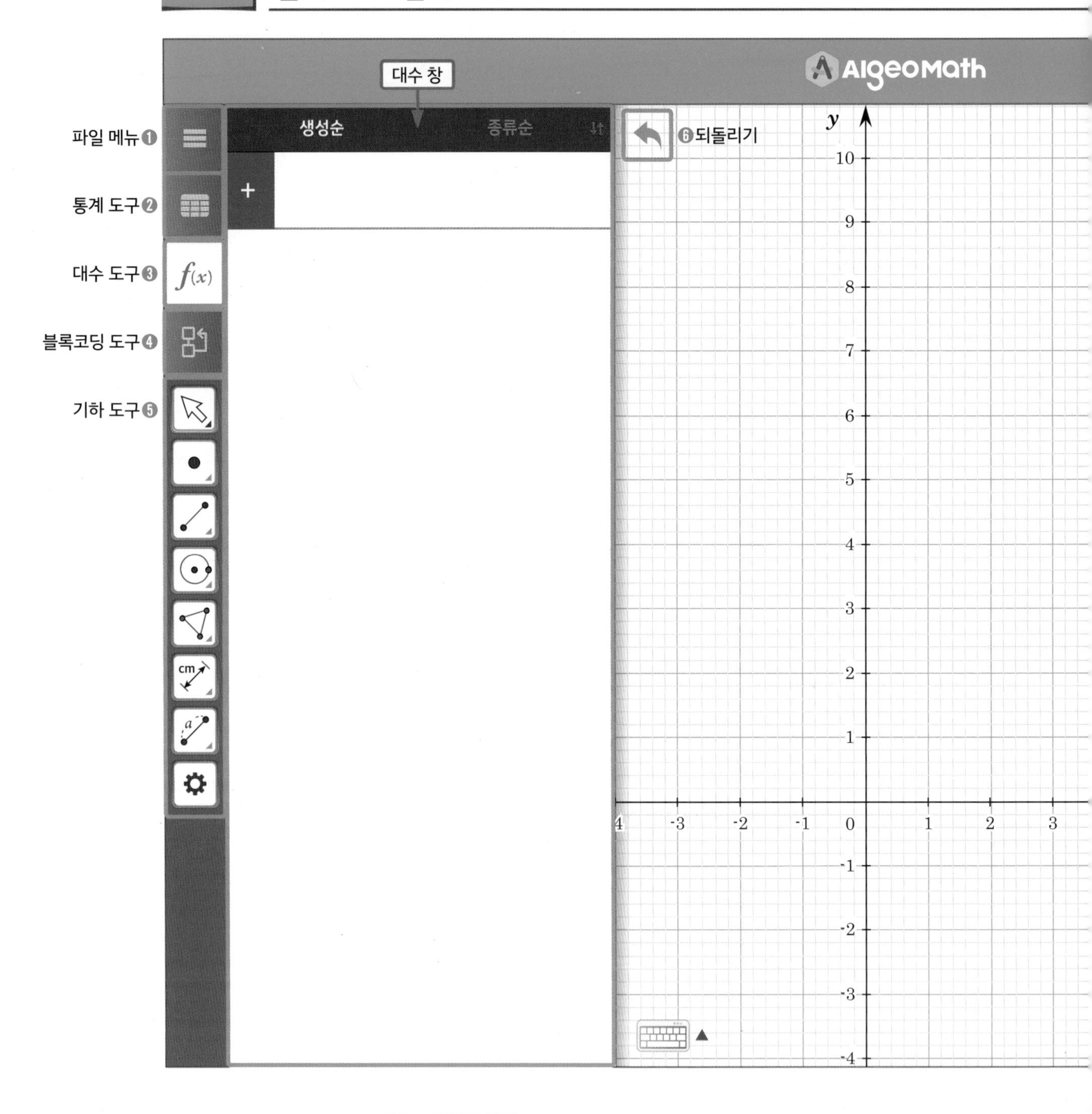

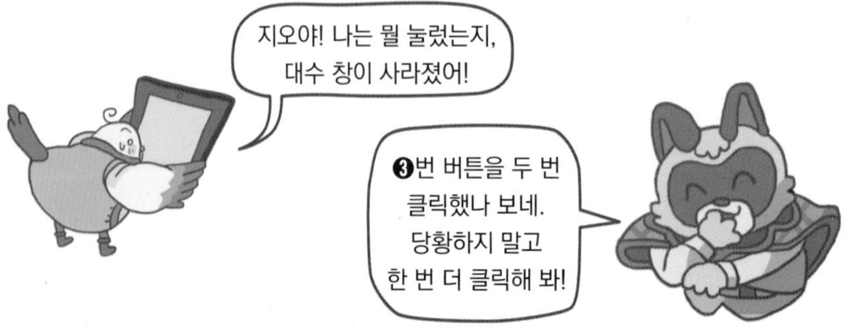

지오야! 나는 뭘 눌렀는지, 대수 창이 사라졌어!
❸번 버튼을 두 번 클릭했나 보네. 당황하지 말고 한 번 더 클릭해 봐!

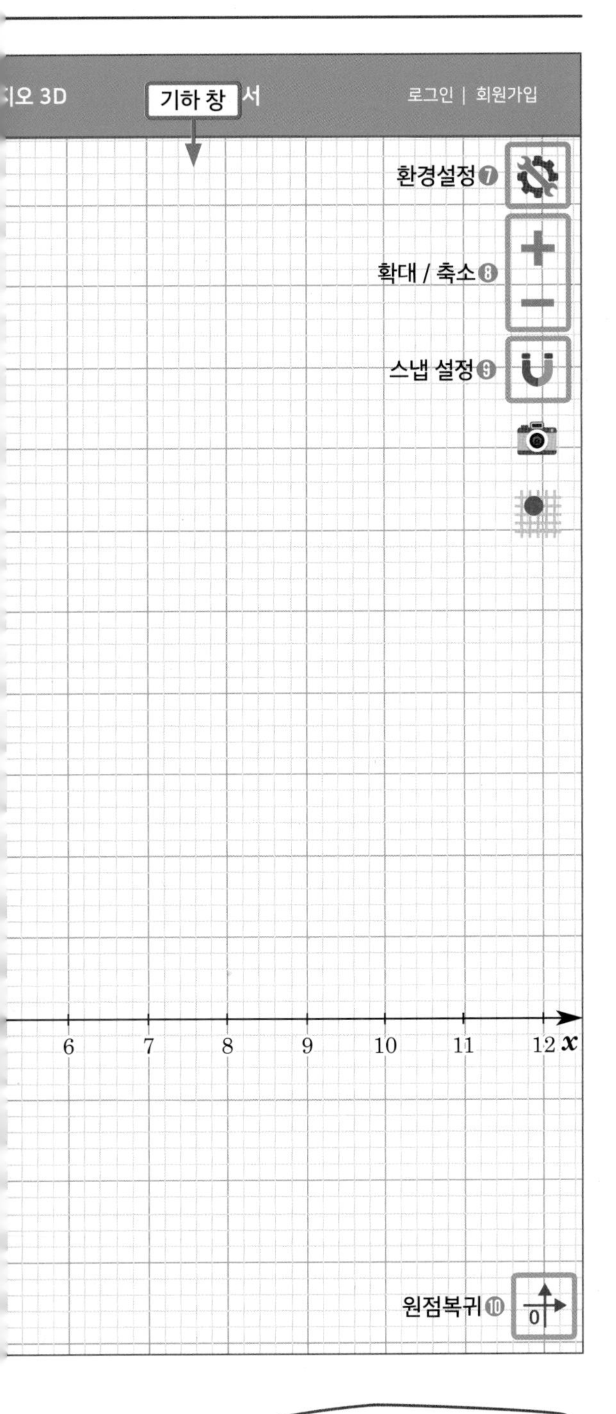

알지오매스 메인 화면에서 **알지오 도구** > 알지오 2D (알지오 2D)를 눌러 알지오 2D로 이동합니다. 알지오 2D의 메뉴를 살펴볼까요?

❶ **파일 메뉴**: 만든 파일을 저장하거나 불러올 수 있습니다. 새로운 파일을 만들거나 인쇄할 수도 있습니다.

❷ **통계 도구**: 표의 내용을 기하 창, 대수 창, 블록코딩 도구에 연결하여 활용할 수 있습니다.

❸ **대수 도구**: 기하 창에 그린 도형을 대수 창에서 확인할 수 있습니다. 반대로 대수 창에서 수식을 입력하고 기하 창에서 확인할 수도 있습니다.

❹ **블록코딩 도구**: 블록을 쌓아 기하 창에 여러 가지 도형을 만들 수 있습니다.

❺ **기하 도구**: 점, 선, 원, 다각형 등 여러 도형을 그리거나 선택, 측정, 이동, 꾸미기, 삭제 등을 할 수 있습니다.

❻ **되돌리기**: 클릭할 때마다 뒤로 돌아갈 수 있습니다.

❼ **환경설정**: 그리드 보기 설정, 배경 테마 변경, 스킨 변경 등을 할 수 있습니다.

❽ **확대 / 축소**: 화면을 확대하거나 축소할 수 있습니다. 마우스의 휠 버튼으로도 화면을 확대 또는 축소할 수 있습니다.

❾ **스냅 설정**: 도형을 만들거나 이동할 때, 점이 찍히는 위치를 대격자 또는 소격자로 설정할 수 있으며 스냅 기능을 해제할 수도 있습니다.

❿ **원점복귀**: 화면의 중앙이 이동되었거나 확대 또는 축소되어 있는 경우, 초기 화면으로 돌아갑니다.

여기저기 하나씩 클릭해 보면서 화면에서 뭐가 어떻게 바뀌는지 확인해 보자!

잠깐!

'메인 화면 > 자료실'에서 매뉴얼을 다운로드할 수 있어요. 책에서 소개한 내용 외에 더 자세히 알고 싶은 친구들은 자료실로 고고~!

2단계 알지오 문서 살펴보기

알지오매스 메인 화면에서 **알지오 도구** > 알지오 문서 (알지오 문서)를 눌러 알지오 문서로 이동합니다. 알지오 문서의 메뉴를 살펴볼까요?

※ 일반 문서를 만들려면 '단일 슬라이드 만들기'를, 그리고 발표용 자료를 만들려면 '다중 슬라이드 만들기'를 선택하면 좋습니다.

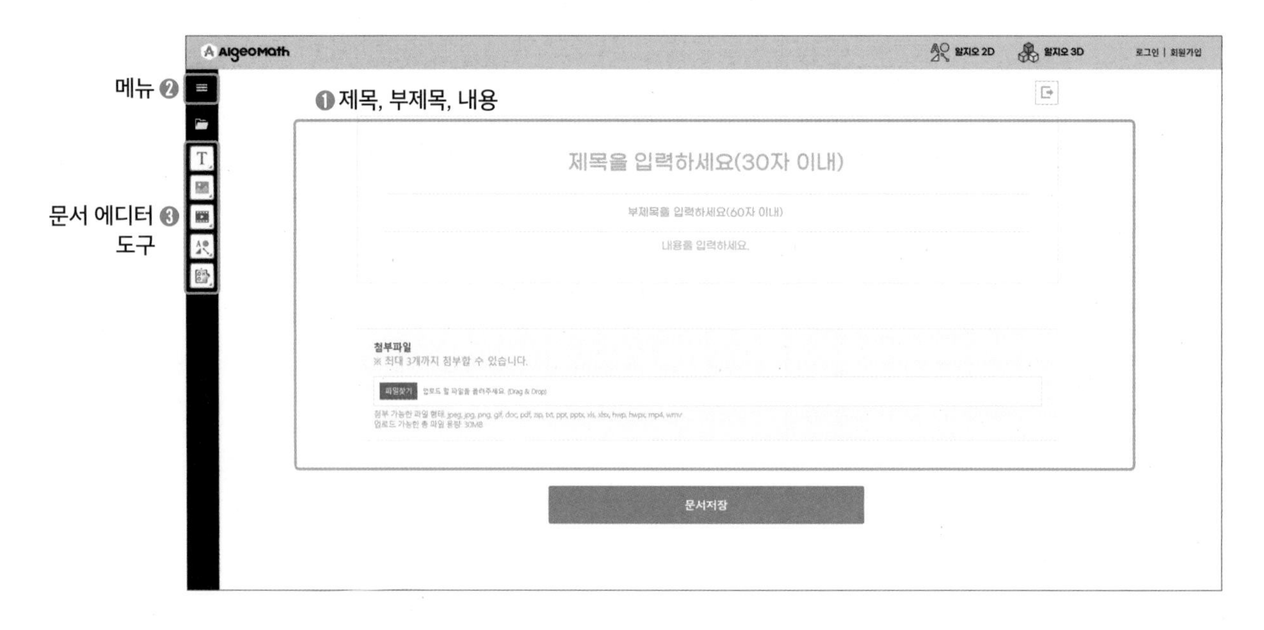

❶ **제목, 부제목, 내용**: 문서를 작성하고 편집할 수 있습니다.

❷ **메뉴**: 만든 파일을 저장하거나 불러올 수 있습니다. 새로운 파일을 만들거나 인쇄할 수도 있습니다.

※ 알지오 2D에서도 동일한 버튼을 본 기억이 있지요? 교재 20~21쪽 ❶번을 참고하세요.

❸ **문서 에디터 도구**: 동영상, 이미지 등의 파일 또는 알지오 2D에서 만든 도형을 그대로 삽입하고 문서 내에서 조작할 수 있습니다.

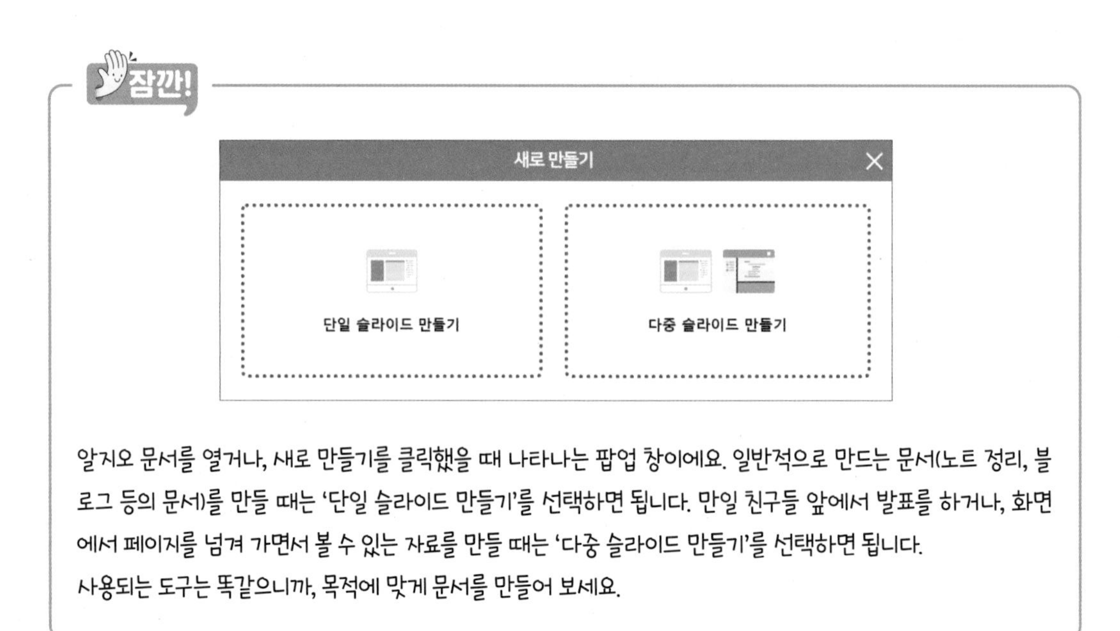

알지오 문서를 열거나, 새로 만들기를 클릭했을 때 나타나는 팝업 창이에요. 일반적으로 만드는 문서(노트 정리, 블로그 등의 문서)를 만들 때는 '단일 슬라이드 만들기'를 선택하면 됩니다. 만일 친구들 앞에서 발표를 하거나, 화면에서 페이지를 넘겨 가면서 볼 수 있는 자료를 만들 때는 '다중 슬라이드 만들기'를 선택하면 됩니다.
사용되는 도구는 똑같으니까, 목적에 맞게 문서를 만들어 보세요.

3단계 모둠 살펴보기

알지오매스 메인 화면에서 **모둠**을 눌러 전체 모둠 페이지로 이동합니다.

❶ **모둠 검색**: 다른 선생님과 친구들이 만들어 놓은 모둠을 찾아볼 수 있습니다. '알지오매스 수학코딩 탐정단'를 검색하고 가입합니다.

※ 가입코드 'algeokey'를 입력하면 자동으로 가입이 승인됩니다.

❷ 가입 모둠: 로그인을 했다면, 내가 가입한 모둠만 모아서 볼 수 있습니다.

잠깐!

'알지오매스 수학코딩 탐정단' 모둠에는 여러 가지 예제와 학습에 필요한 도안들이 업로드되어 있어요. 꼭 가입하고 둘러 보세요!

도안이 하나도 안 보이는데!
아리아. 로그인을 해야
도안도 보고, 예시 작품도 볼 수 있어.
로그인부터 하자, 어서!

알지오매스 홈페이지에 접속하여
무엇이 있는지 잘 살펴봤다면,
이제 도구 사용법을 알아봐야겠죠?

준비물 컴퓨터 또는 태블릿, 인터넷 환경

※ 차근차근 따라 하며, 여러 가지 버튼을 눌러 보세요.

ALGEOMATH

알지오 수학 탐정단의 영업 비밀

사건번호 1-2

그리드 환경설정

1단계 그리드 환경설정 기능 보기

알지오매스 메인 화면에서 **알지오 도구** > 알지오 2D (알지오 2D)를 눌러 알지오 2D로 이동합니다. 화면 오른쪽 위에 있는 환경설정 버튼( )을 눌러 그리드 환경설정 창을 열어 볼까요?

❶ **그리드 보기 설정**: 화면에 나타낼 옵션을 한꺼번에 끄거나 켤 수 있습니다.

❷ ***x*축**: 가로축(가로로 놓인 수직선)

❸ ***y*축**: 세로축(세로로 놓인 수직선)

❹ **대격자**: 배경이 되는 선 중에서 굵은 선

❺ **소격자**: 배경이 되는 선 중에서 가는 선

❻ **배경 테마 설정**: 배경색을 원하는 대로 바꿀 수 있습니다.

돋보기 x축, y축이 뭐예요?

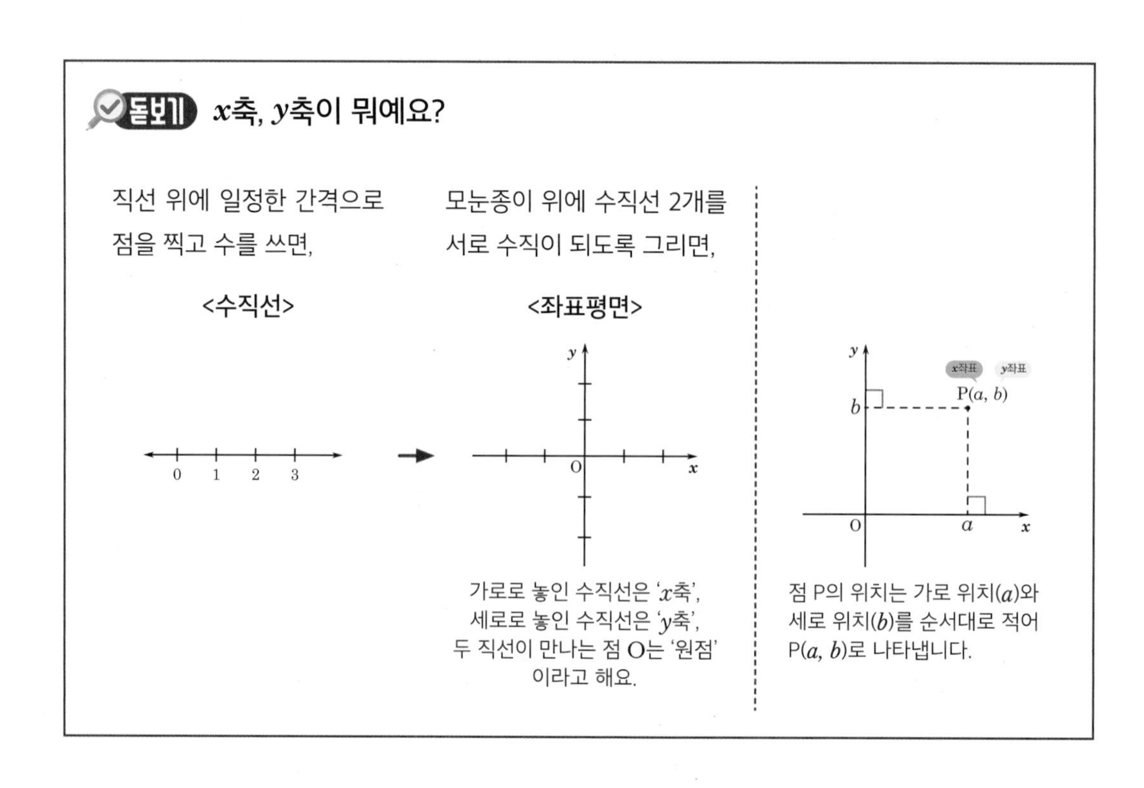

직선 위에 일정한 간격으로
점을 찍고 수를 쓰면,
<수직선>
0
1
2
3
모눈종이 위에 수직선 2개를
서로 수직이 되도록 그리면,
<좌표평면>
y
O
x
가로로 놓인 수직선은 'x축',
세로로 놓인 수직선은 'y축',
두 직선이 만나는 점 O는 '원점'
이라고 해요.
y
x좌표
y좌표
P(a, b)
b
O
a
x
점 P의 위치는 가로 위치(a)와
세로 위치(b)를 순서대로 적어
P(a, b)로 나타냅니다.

2단계 확대·축소 기능과 스냅 설정 살펴보기

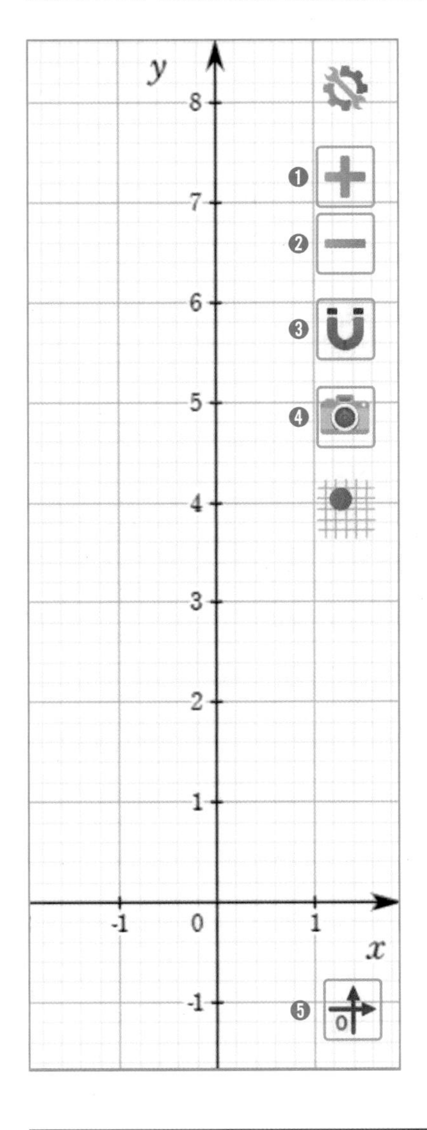

❶ ➕: 화면을 확대합니다.

❷ ➖: 화면을 축소합니다.

❸ **스냅 설정**: 점을 찍거나 선을 그을 때, 자석처럼 굵은 선 격자점 또는 가는 선 격자점에 저절로 달라붙게 합니다.

❹ **스크린샷**: 기하 창 화면을 이미지 파일로 만들 수 있습니다.

❺ **원점복귀**: 화면을 이리저리 움직여서 보다가, 원점을 화면 중앙으로 오게 하는 버튼입니다.

돋보기 '스냅 설정'과 '격자'는 무엇인가요?

기하 창의 직선들이 만나는 점을 '격자점'이라고 합니다. 이때 굵은 직선들이 만나는 점은 '**대격자점**', 가는 직선들이 만나는 점은 '**소격자점**'입니다.

예를 들어 스냅(대격자)를 켜고 [•] → [• 점] 도구를 선택하면, 오른쪽 그림과 같이 내가 클릭한 위치(화살표 끝)에서 가장 가까운 대격자점(굵은 선 격자점)에 점이 찍힌답니다.

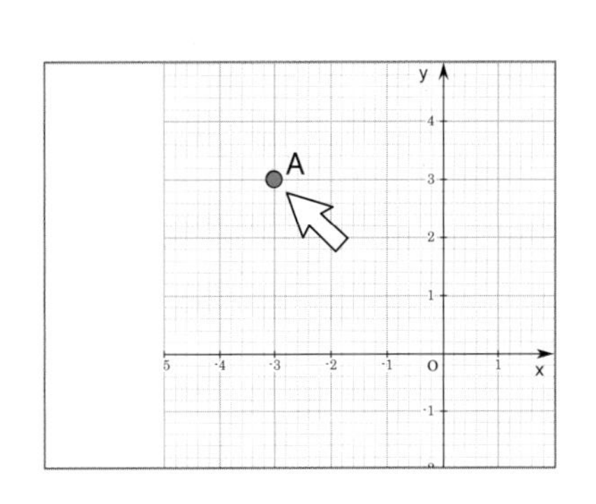

스냅 설정을 켰더니 마치 점이 자석에 끌려가는 것처럼 격자점에 탁! 찍히네~!

3단계 점을 클릭하면 나타나는 팝업 창 기능 보기

기하 도구 목록에서 점 도구(• → • 점)를 선택하여 화면에 점을 찍어 보세요. Esc 또는 선택 도구(↖ → ↖ 선택)를 선택하고 화면에 찍힌 점을 클릭하면 점의 모양과 색깔을 바꿀 수 있는 팝업 창이 열립니다.

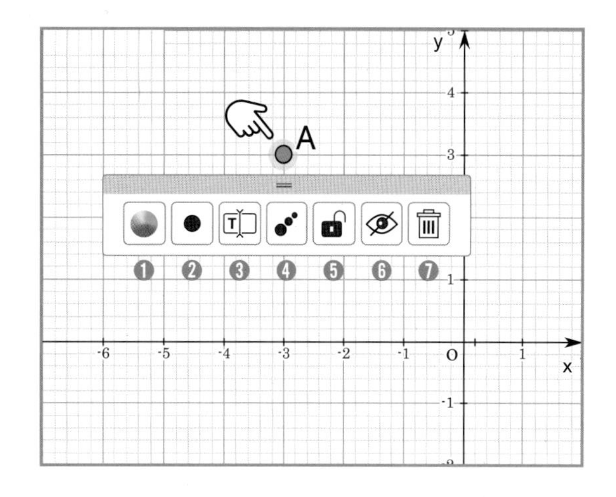

❶ : 점의 색깔을 바꿉니다.

❷ : 점의 모양과 크기를 바꿉니다.

❸ : 점의 이름을 바꿀 수 있습니다. (현재 점의 이름: A)

❹ : 이 버튼을 클릭하고, 점을 끌어서 움직이면 이동하는 점의 자취(흔적)가 남습니다.

❺ : 점이 움직이지 않도록 고정할 수 있습니다.

❻ : 점을 숨깁니다.

❼ : 점을 지웁니다.

점의 모양과 크기,
색깔을 다양하게 바꿔 봐!
와! 신기해~!
나는 하트 모양 점으로
만들어 봐야지!

잠깐!

점이 아닌 선, 원, 다각형 등의 도형을 클릭해도 모양과 색을 바꿀 수 있는 팝업 창이 열린답니다.
다양한 기하 도구(교재 20~21쪽 ❺번)를 사용하여 도형을 그리고, 클릭해 보세요!

4단계 글자를 클릭하면 나타나는 팝업 창 기능 보기

화면에 찍힌 점 옆에 적힌 글자(점의 이름)를 클릭하면 내용과 글자의 모양, 크기 등을 바꿀 수 있어요.

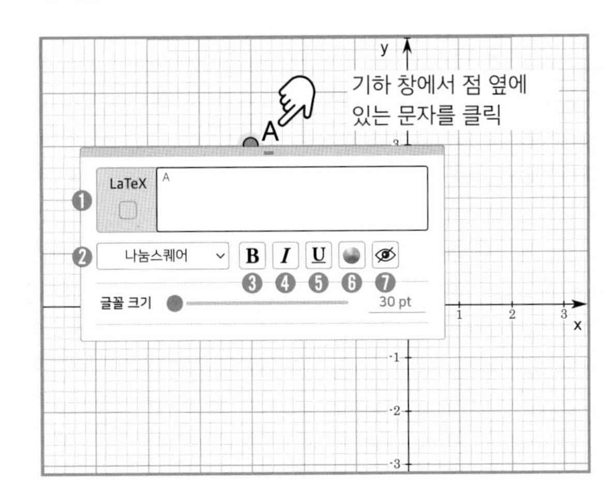

❶ LaTeX : 내용을 수정합니다.

❷ 나눔스퀘어 : 글꼴을 바꿀 수 있습니다.

❸ **B** : 글자를 굵게 표시합니다.

❹ *I* : 글자를 기울여 표시합니다.

❺ U : 글자에 밑줄을 그어 줍니다.

❻ ● : 글자색을 바꿉니다.

❼ 👁 : 글자를 숨길 수 있습니다.

그럼 내가 바꾸고 싶은 게 점인지 글자인지부터 생각해야겠구나?
그렇지! 화면 위의 점(도형)과 글자 중에서 바꾸고 싶은 걸 일단 클릭~! 하는 것부터 시작이야.

지금까지 배운 도구들을 이용하여 자유롭게 그려 봐. 그리고 모둠에도 업로드해 봐~!

돋보기 점이나 글자를 숨길 수 있는 방법이 또 있다고?

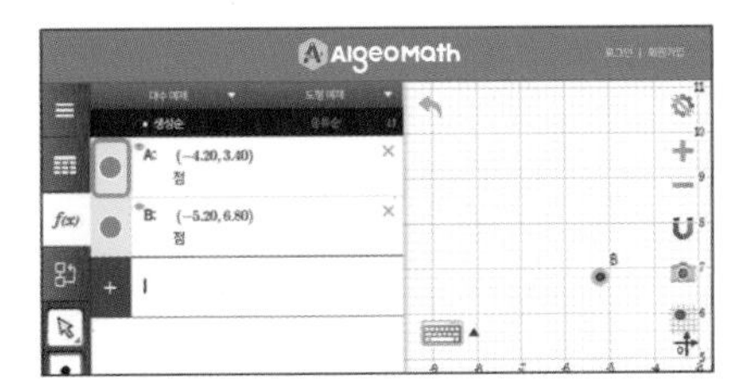

$f(x)$를 눌러 대수 창을 열고 숨기고 싶은 점(도형)을 나타내는 칸을 찾습니다. 그 칸의 왼쪽 동그라미(●)를 클릭하면 회색(●)으로 바뀌면서 기하 창에서 사라집니다.

한 번 더 클릭하면 점(도형)이 다시 나타납니다.

준비물 컴퓨터 또는 태블릿, 인터넷 환경

※ 알지오매스 블록코딩을 알아보고, 사용해 볼 거예요.

몰래 온 손님

사건번호 1-3

코딩이 뭐예요?

컴퓨터의 언어를 '코드(code)'라고 합니다. 그리고 이 코드를 논리적인 순서로 입력하는 과정을 '코딩(coding)'이라고 합니다. 알지오매스에서는 복잡한 코드를 사용하지 않고, 블록 쌓기를 하듯 쉽고 재미있게 코딩할 수 있는 블록코딩 도구를 사용할 거예요. 만약, 순서가 바뀌거나 내용이 정확하지 않으면 이상한 결과가 나올 수도 있으니 주의해야 합니다.
먼저 코딩을 위한 연습으로 순서대로 생각하는 연습해 볼까요?

1단계 순서가 중요해요

빵에 잼을 바르는 상황을 생각해 보세요.

❶ 빵을 봉지에서 1장 꺼낸다.

❷ 잼 뚜껑을 연다.

❸ 포크로 잼을 뜬다.

❹ 한 손으로 빵을 집는다.

❺ 빵에 잼을 바른다.

❷와 ❸의 순서가 바뀌면 어떻게 될까?

뚜껑을 열지도 않은 잼 병에서 잼을 떠야 할 수도...? 엉망진창이 되겠네요!

알지오매스 블록코딩

1단계 블록 기능 알아보기

알지오매스 메인 화면에서 **알지오 도구** > 알지오 2D (알지오 2D)를 눌러 알지오 2D로 이동합니다. 왼쪽 메뉴에서 블록코딩 도구( )를 클릭하여 블록코딩 창을 열고, 블록코딩 도구 상자를 살펴볼까요?

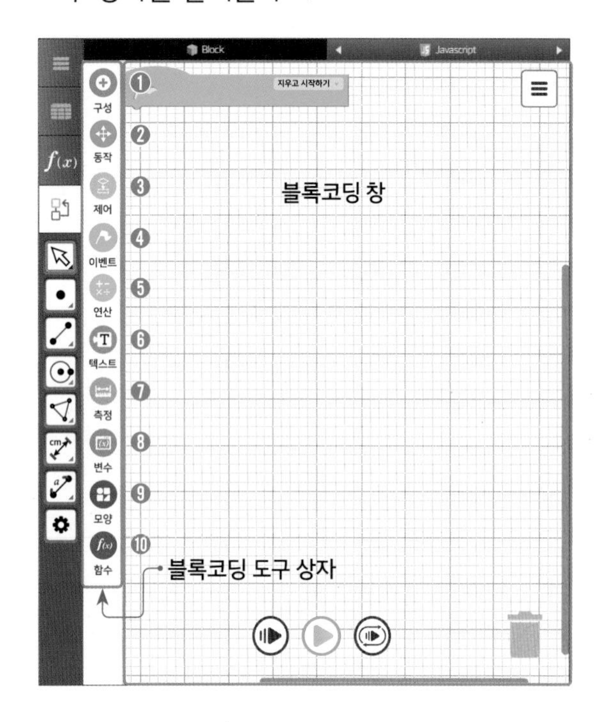

❶ **구성 블록**: 점, 선분 등의 도형이나 글자, 움직일 수 있는 캐릭터(거북이, 알봇 등) 등을 만들 수 있습니다.

❷ **동작 블록**: 점, 도형, 거북이 등을 이동하거나 회전시킬 수 있습니다.

❸ **제어 블록**: 같은 동작을 반복하거나, 특정한 조건을 체크하는 등의 블록을 만들 수 있습니다.

❹ **이벤트 블록**: '마우스를 클릭할 때', '키보드의 특정 키를 눌렀을 때' 등의 조건을 정하고 이벤트를 발생시킬 수 있습니다.

❺ **연산 블록**: 사칙연산(+, −, ×, ÷) 등 여러 가지 연산을 할 수 있습니다.

❻ **텍스트 블록**: 텍스트(글자)를 화면에 나타나게 할 수 있습니다.

❼ **측정 블록**: 각도나 길이를 측정할 수 있습니다.

❽ **변수 블록**: 변수(변하는 수)의 이름을 선택하거나 저장할 수 있습니다.

❾ **모양 블록**: 색상이나 크기 등을 바꿀 수 있습니다.

❿ **함수 블록**: 자주 사용하는 기능을 저장하고, 필요할 때마다 불러올 수 있습니다.

그런데 블록은 어떻게 넣지?
넣고 싶은 블록을 꾸욱 눌러서 원하는 위치에 놓으면 자석처럼 착! 붙어. 지울 때도 꾸욱 눌러서 오른쪽 아래 보이는 휴지통 모양 위에 놓아버리면 된다고!

잠깐!

만든 블록코딩도 저장할 수 있어요. 파일 메뉴( )를 클릭하여 저장 메뉴를 선택할 수 있답니다. 이때 '내문서 저장'을 했다면 '마이페이지 > 내 문서'에서 확인할 수 있어요.

사각형 그려보기

1단계 거북이를 이동시켜 사각형 그리기

❶ 원점(0, 0)에 거북이를 만듭니다. ※ ▶ 버튼을 누르면 오른쪽 화면을 볼 수 있어요.

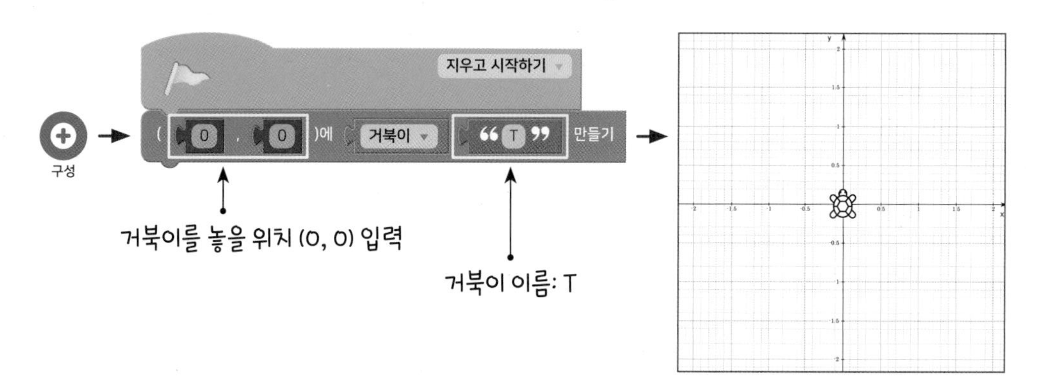

❷ 거북이를 앞으로 이동시켜 길이가 2인 선분을 그립니다. ※ '앞'은 거북이 머리 방향이에요.

※ ❶에서 만든 블록 아랫쪽에 지금 만든 블록을 끌어다 놓으면 서로 자석처럼 붙어서 연결됩니다.

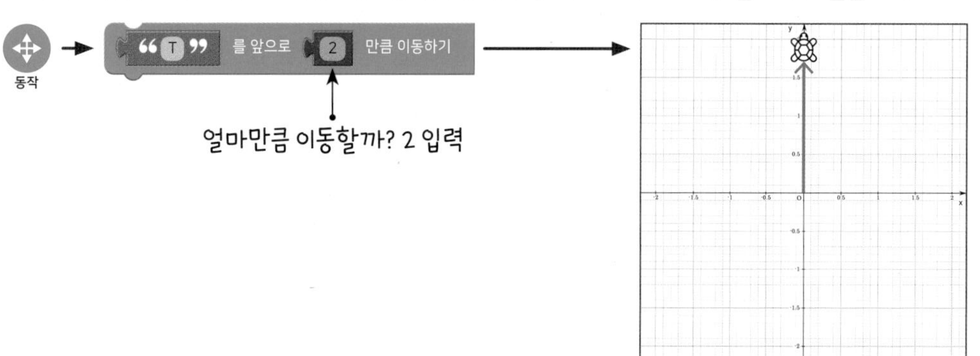

❸ 거북이를 오른쪽으로 90도만큼 회전시킵니다.

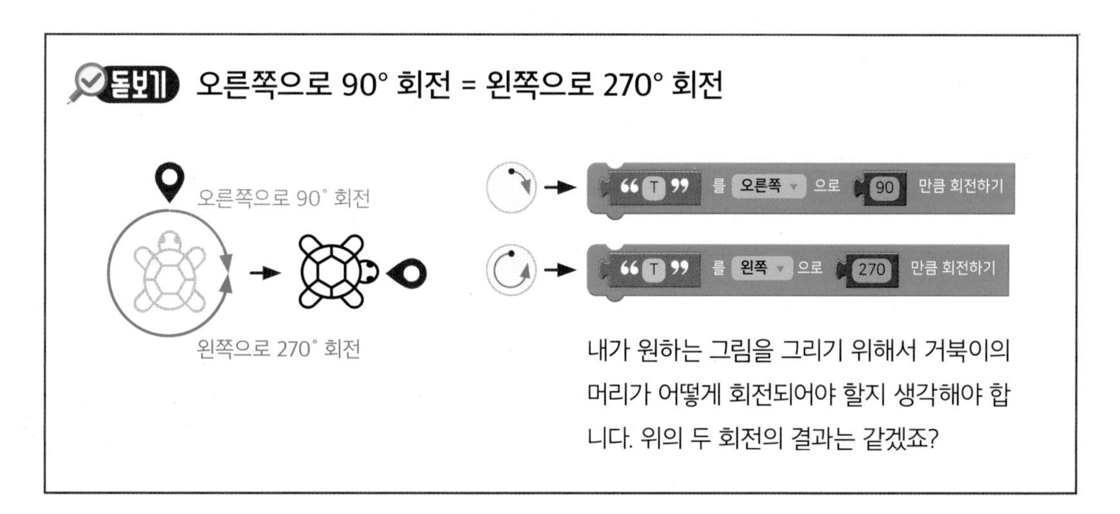

돋보기 오른쪽으로 90° 회전 = 왼쪽으로 270° 회전

내가 원하는 그림을 그리기 위해서 거북이의 머리가 어떻게 회전되어야 할지 생각해야 합니다. 위의 두 회전의 결과는 같겠죠?

❹ ❷와 ❸의 과정을 반복하여 사각형을 완성합니다.

먼저, 거북이가 이동할 경로를 상상해 봅시다.

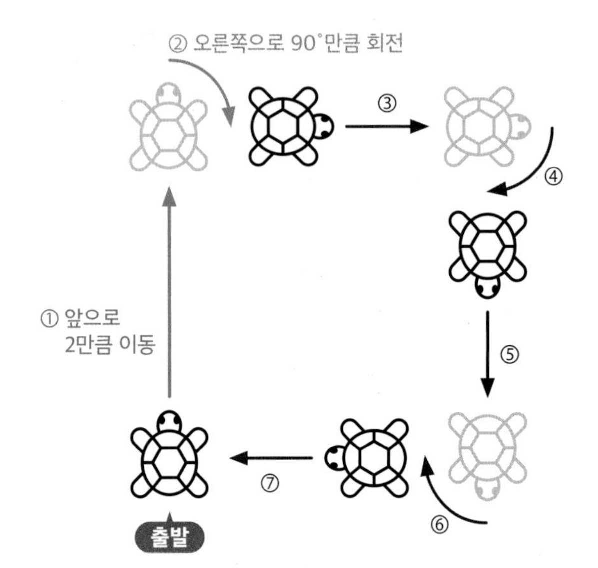

① 앞으로 2만큼 이동
② 오른쪽으로 90˚만큼 회전

③ 앞으로 2만큼 이동
④ 오른쪽으로 90˚만큼 회전

⑤ 앞으로 2만큼 이동
⑥ 오른쪽으로 90˚만큼 회전

⑦ 앞으로 2만큼 이동
(처음 위치에 도착)
⑧ 오른쪽으로 90˚만큼 회전
(출발할 때와 같은 방향)

그리고 ❷와 ❸에서 사용했던 블록을 필요한 만큼 만들어서 순서대로 조립하고, 작업 공간 아래 에서 을 클릭하여 오른쪽 기하 창을 확인합니다.

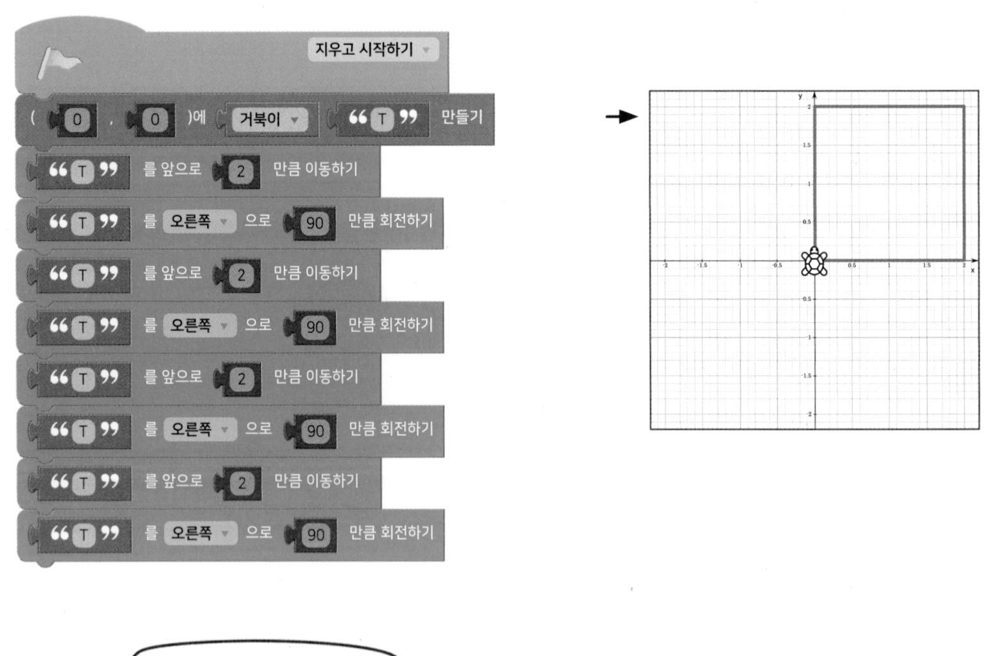

똑같은 걸 계속 만드려니까
너무 귀찮은데요?

똑같은 걸 더 만들고 싶을 땐,
그 블록 위에서 마우스 오른쪽 버튼 을
클릭해 봐~! 이럴 때 복제를
이용하는 거란다~!

2단계 반복블록 이용하기

❶ <1단계> 과정에서 반복되고 있는 앞으로 2만큼 이동 → 오른쪽으로 90°만큼 회전을 반복블록 안에 끼우고, **4번 반복**하도록 조립합니다.

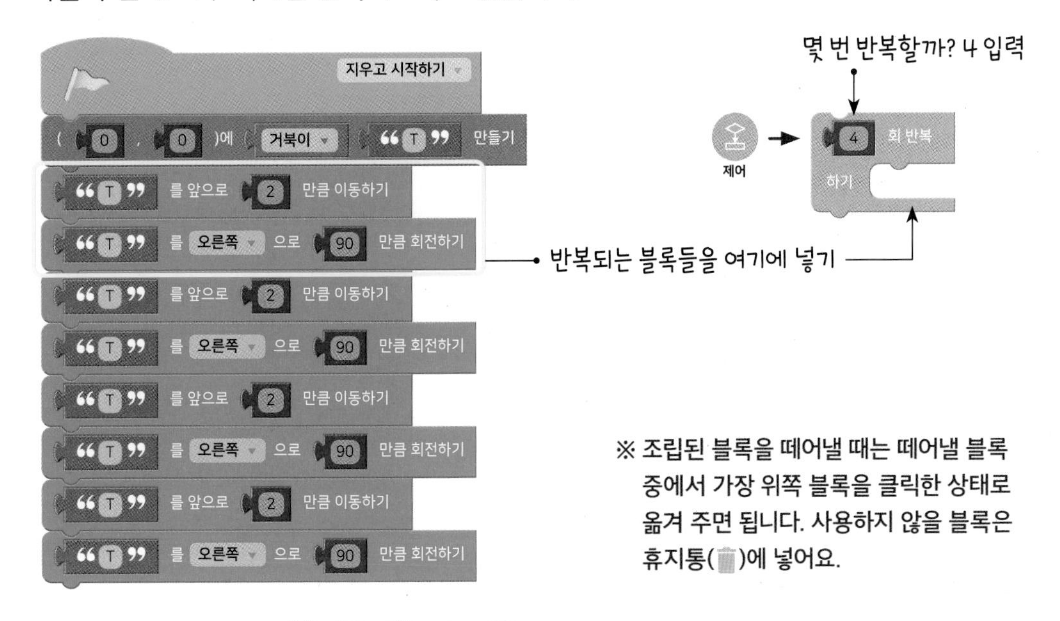

※ 조립된 블록을 떼어낼 때는 떼어낼 블록 중에서 가장 위쪽 블록을 클릭한 상태로 옮겨 주면 됩니다. 사용하지 않을 블록은 휴지통( )에 넣어요.

❷ 블록 작업 공간 아래 (▮▶)(▶)(⟳)에서 (▶)을 클릭하여 오른쪽 기하 창을 확인합니다.

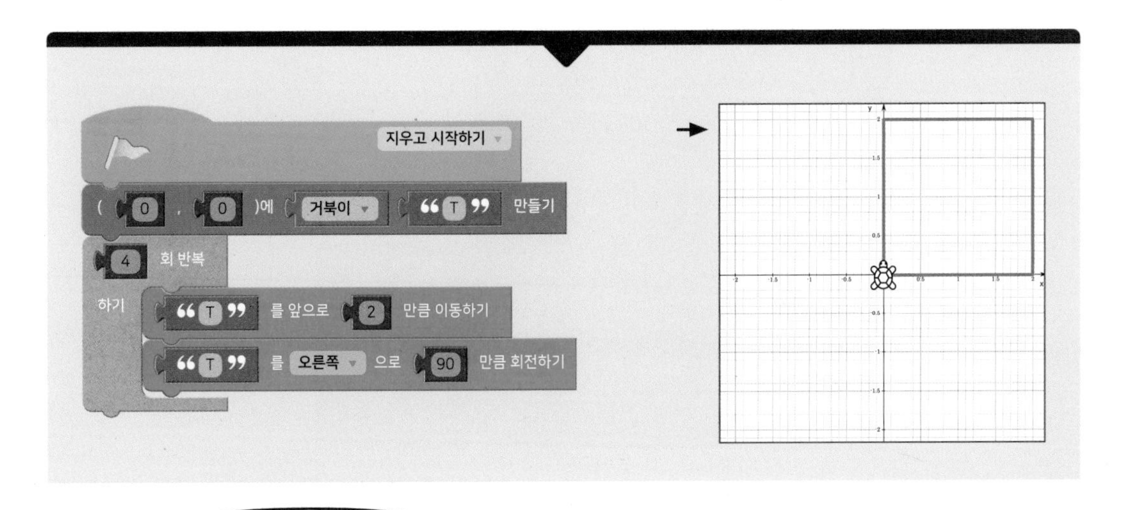

와!!!! 엄청 간단하네?
그럼 난 거북이가 삼각형을
그리도록, 블록을 조립해 볼래!!

우리 탐정단 신입 대원들!
삼각형 그리기에 도전해 보고
모둠에 자랑해 보자!

3단계 거북이 없이 사각형 그리기

❶ 원점(0, 0)에 점 A를 만들 블록을 조립합니다.

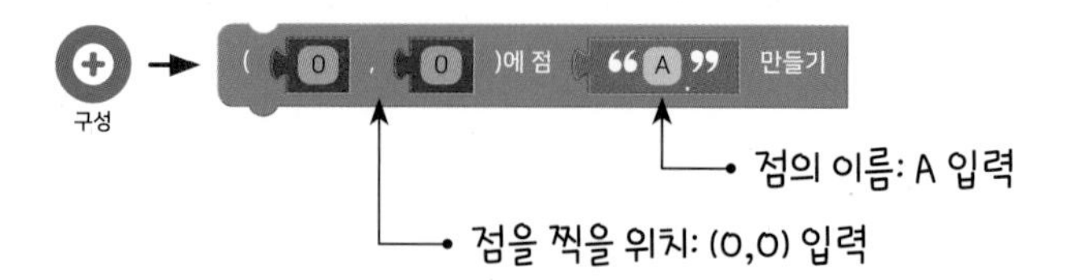

❷ ❶과 같은 방법으로 원하는 위치에 점 B를 만듭니다.

❸ 점 A와 점 B를 연결하는 선분 a를 만들 블록을 조립합니다.

※ 붙이고 싶은 블록에 다른 블록 하나를 나란히 끌어다 놓으면 서로 자석처럼 붙어서 연결됩니다.

❹ ❶부터 ❸까지의 과정을 반복하여 사각형의 꼭짓점이 될 4개의 점을 찍고(❶ 반복), 이 점들을 연결하여 사각형의 변이 될 선분 4개를 만듭니다(❸ 반복).

※ 점의 위치를 잘 확인하여 연결합니다.

❺ 조립된 블록을 확인하고, 작업 공간 아래 ⏯▶🔁에서 ▶을 클릭하여 기하 창을 확인합니다.

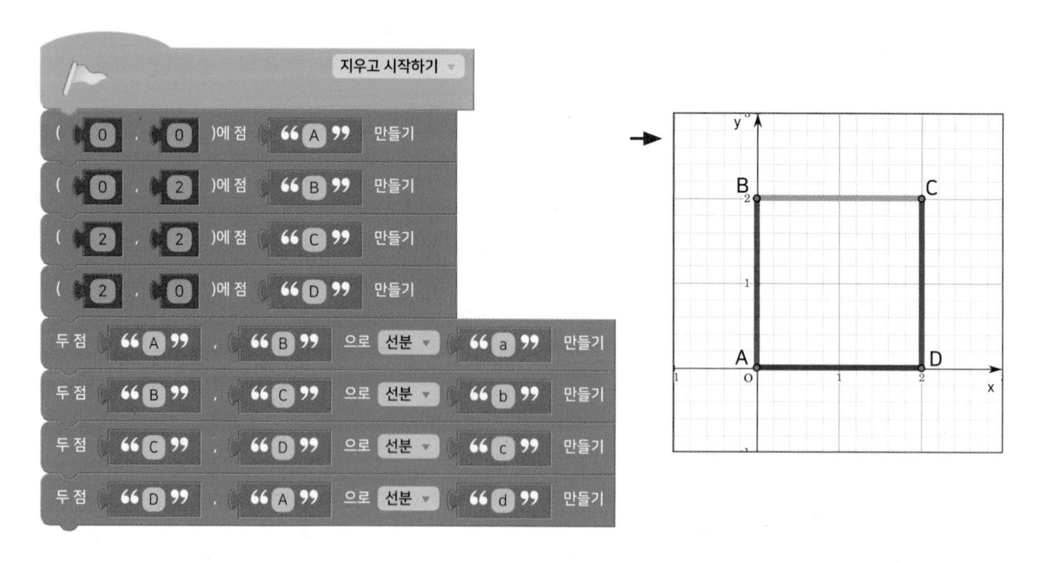

점 3개를 찍고, 연결해서 삼각형도 만들어 봐~!
3

알지오 수학 탐정단이
된 것을 축하한다.
이제 나도 알지오매스를
사용할 수 있을 것 같아!
자, 우릴 기다리는
사건들이 많아!
어서 가자구!

2부

알지오 2D

사건번호 2-1 • 진짜 직선을 찾아라

사건번호 2-2 • 동그리 왕국의 옥새 지도

사건번호 2-3 • 길을 잃은 아이

사건번호 2-4 • 정다각형 전통 보석 찾기

사건번호 2-5 • 카페 벽화 소송 사건

사건번호 2-6 • 불에 타 버린 미로

사건번호 2-7 • 나비의 한쪽 날개 찾기

사건번호 2-8 • 찌그러진 태극 문양

사건번호 2-9 • 동그리 왕국 동그리들의 비밀

사건번호 2-10 • 사각 뻥튀기의 비법 레시피

알지오 2D로 들어가서
사건을 해결해 볼까?

알지오 2D 클릭!

단 원	3학년 1학기 / 평면도형
개 념	선분, 반직선, 직선
난이도	★☆☆☆☆

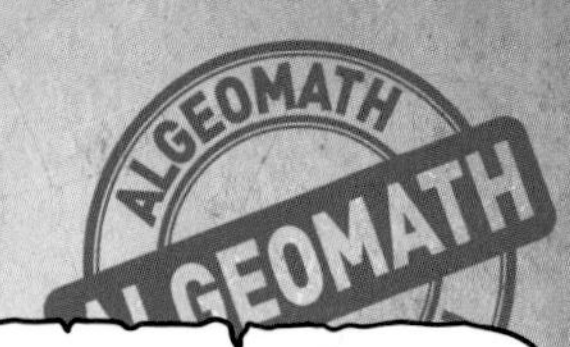

진짜 직선을 찾아라

사건번호 2-1

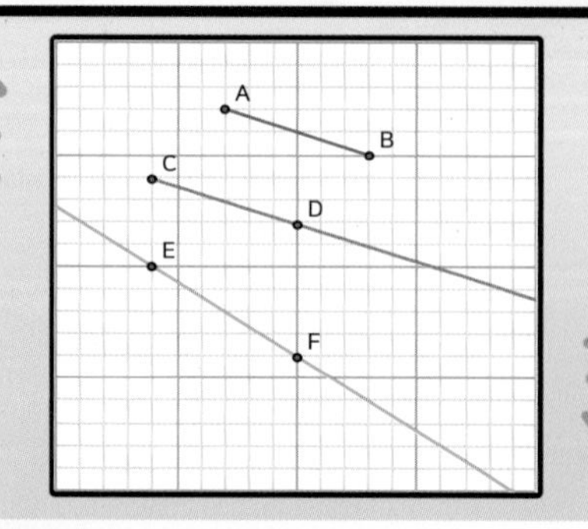

단서
수집하기

현장 단서

단서 1 구부러지지 않은 곧은 선이 필요하다.

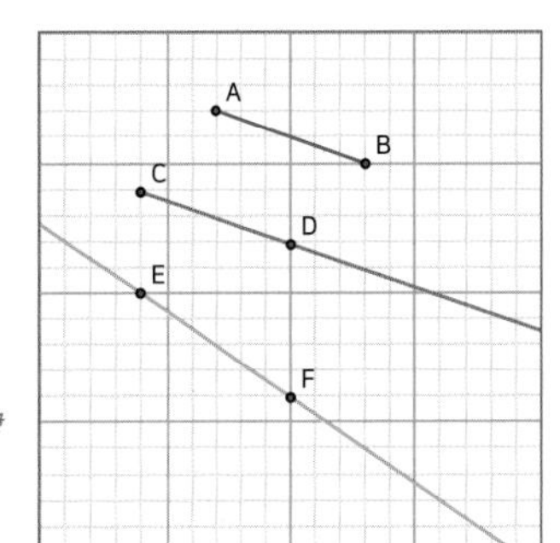

곧은 선을 찾자.

단서 2 어느 쪽으로든 뻗어나갈 수 있는 선이 필요하다.

양쪽 방향으로 끝없이 뻗어나가는 선을 찾자.

수학 단서

곧은 선
- **선분** : 두 점을 곧게 이은 선
- **직선** : 선분을 양쪽으로 끝없이 늘인 곧은 선
- **반직선**: 한 점에서 시작하여 한쪽으로 끝없이 늘인 곧은 선

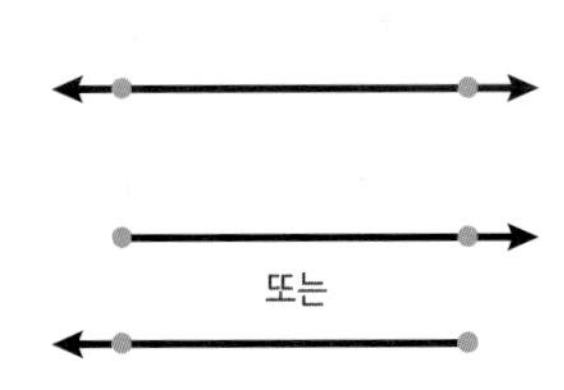

알지오매스 단서

임무 수행	도구 선택
선분 그리기	→ 선분 선택한 두 점을 양 끝점으로 하는 선분 그리기
반직선 그리기	→ 반직선 한 점을 시작점으로 하여 다른 한 점을 지나는 반직선 그리기
직선 그리기	→ 직선 두 점을 선택하여 두 점을 지나는 직선 그리기

1단계 선분 그리기

❶  → 점 2개를 찍어 원하는 곳에 선분을 그립니다.

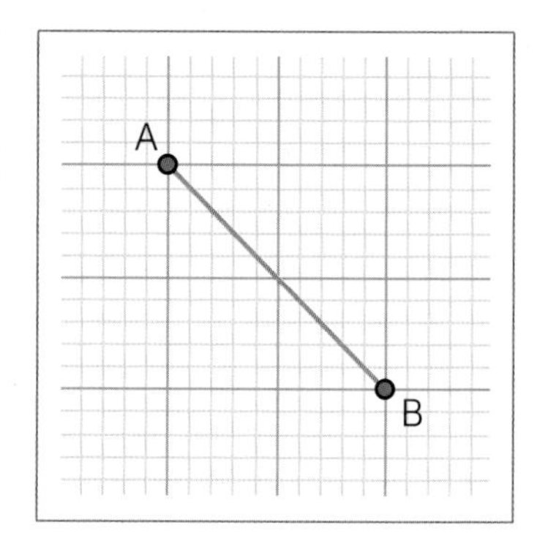

2단계 반직선 그리기

❶  → 한 점(C)을 찍고 마우스를 움직이면 반직선들이 나타나는데, 그중에서 원하는 반직선들이 나타날 때 점을 하나 더 찍어 반직선을 완성합니다.

❷ 다시 점 C를 클릭하고, 다른 반직선이 되는 곳에 점을 찍어 또 다른 반직선을 그립니다.

※ 계속 반복하여, 점 C를 지나는 여러 개의 반직선을 그려 보세요.

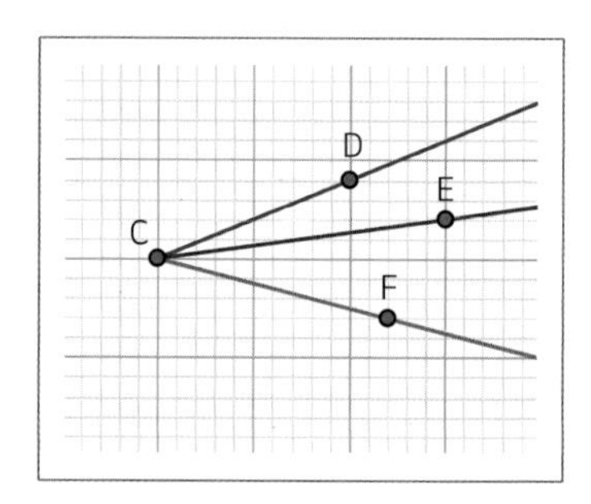

3단계 직선 그리기

❶   → 한 점(G)을 찍고 마우스를 움직이면 직선들이 나타나는데, 그중에서 원하는 직선이 나타날 때 점을 하나 더 찍어 직선을 완성합니다.

❷ 다시 점 G를 클릭하고, 다른 직선이 되는 곳에 점을 찍어 또 다른 직선도 그립니다.

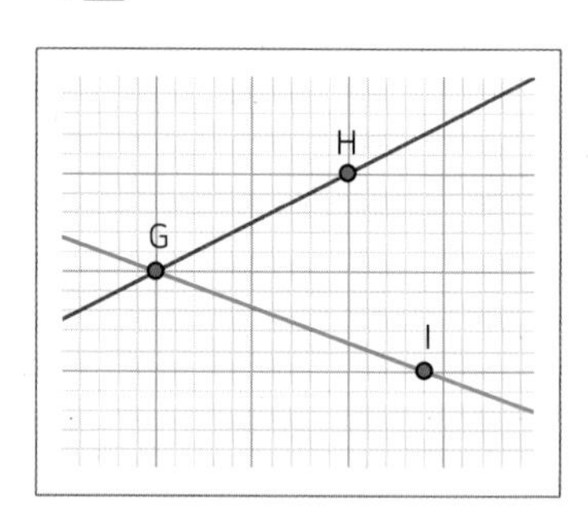

돋보기 서로 다른 두 점을 지나는 직선은 몇 개일까요?

한 점에서 한쪽 방향으로만 뻗어나가는 반직선과, 한 점에서 양쪽 방향으로 뻗어나가는 직선 모두 무수히 많이 그릴 수 있어요. 하지만 서로 다른 두 점을 지나는 직선은 오직 한 개만 그릴 수 있답니다.
점 도구(→ 점)로 원하는 곳에 점을 찍고,
직선 도구(→ 직선)로 한 점만 정하고 그린 직선과
두 개의 정해진 점을 지나는 직선을 각각 그려서 확인해 보세요.

화면에 보이는 알파벳(A, B, C,...)은 알지오매스가 임의로 붙이는 점의 이름이야. 교재와 달라도 괜찮으니까 걱정하지 마.

4단계 방향이 반대인 직선과 반직선 만들어 보기

❶ [•] → [• 점] → 점 4개(점 J, 점 K, 점 L, 점 M)를 찍습니다.

❷ [직선 아이콘] → [직선] → 점 J와 점 K를 차례로 클릭하여 직선을 그립니다.

❸ [직선 아이콘] → [직선] → 점 K와 점 J를 차례로 클릭하여 직선을 그립니다.

※ 직선 JK와 직선 KJ가 같은 직선인지 확인해 보세요.

❹ [직선 아이콘] → [반직선] → 점 L과 점 M을 차례로 클릭하여 반직선을 그립니다.

❺ [직선 아이콘] → [반직선] → 점 M과 점 L을 차례로 클릭하여 반직선을 그립니다.

※ 반직선 ML과 반직선 LM이 같은 반직선인지 확인해 보세요.

4단계

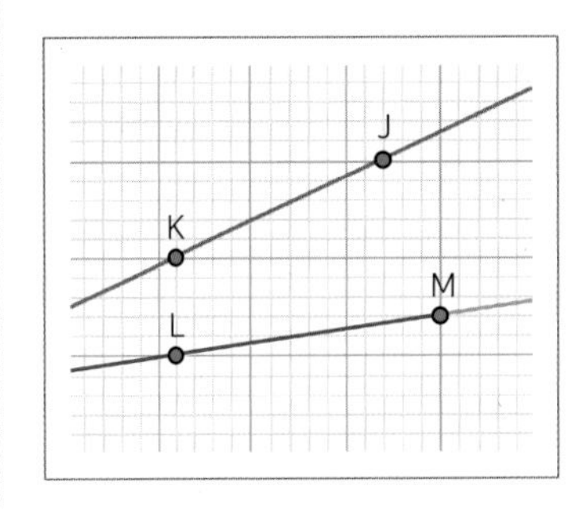

지금 정말 중요한 것은 점의 순서를 바꿔서 선택했을 때 직선, 반직선이 일치하는지 확인하는 거야!

직선은 점의 순서를 바꿔서 선택해도 같고, 반직선은 달라지네? 반직선은 이름을 붙일 때, 더 주의해야겠다!

5단계 양쪽 방향으로 모두 끝이 없는 선 찾기

❶ 화면을 축소하기 위해 기하 창 오른쪽 위에 있는 축소 버튼(—)을 클릭합니다.

※ PC에서는 마우스 스크롤 다운, 모바일에서는 두 손가락으로 화면을 모아서 화면을 축소할 수도 있어요.

❷ (계속 화면을 축소해서) 아무리 작게 보아도 양쪽 방향으로 모두 무한히 뻗어나가는 선은 선분, 반직선, 직선 중에 무엇인지 확인해 봅시다.

잠깐!

수학책에는 직선이 알지오매스에서 보는 것처럼 계속해서 뻗어나가지 않고 짧게 그려져 있어요. 그래서 수학책에서 직선을 보고 공부한 친구들은 이상하게 생각할 수도 있어요.
우리가 책에서 보는 직선들은 직선의 일부분이라고 할 수 있습니다. 원래 직선은 우주 끝까지 뻗어나가는 것이 맞지만, 종이 위에 그려야 하기 때문에 어쩔 수 없이 짧게 일부만 그리는 것이랍니다.

무한히 뻗어나가는 선은 바로 직선이야!

알지오 수학 탐정단 ____________

사건번호 | 2-1

오늘은 우주비행사의 의뢰로 우주비행에 필요한 도구를 찾아냈다.
이번 사건의 가장 큰 실마리는 바로 선분, 반직선, 직선의 차이였다.

선분

① 두 점을 곧게 이은 선으로, 시작점과 끝점이 있다.

② 점 A와 점 B를 이은 선분을 선분 AB 또는 선분 BA라고 한다.

A B

이름: 선분 AB (또는 선분 BA)

반직선

① 한 점에서 시작하여 한쪽 방향으로 끝없이 늘인 곧은 선으로, 시작점은 있으나 끝점은 없다.

② 점 C에서 시작하여 점 D를 지나는 반직선을 반직선 CD라고 하고, 점 D에서 시작하여 점 C를 지나는 반직선을 반직선 DC라고 한다. 따라서 (반직선 CD) ≠ (반직선 DC)

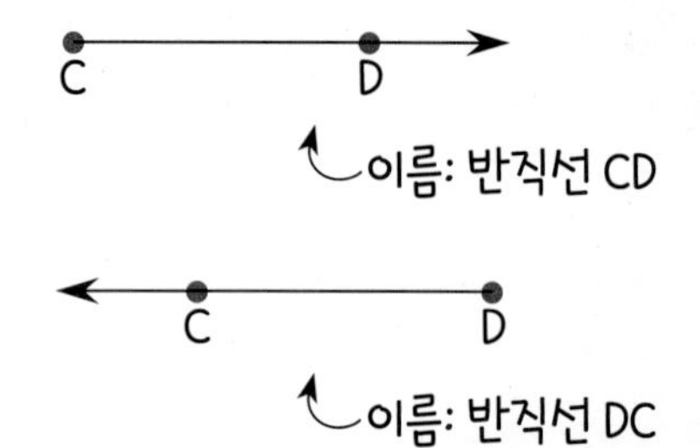

직선

① 두 점을 지나 곧게 뻗은 선으로 시작점과 끝점이 없다.

② 점 E와 점 F를 지나는 직선을 직선 EF 또는 직선 FE라고 한다. 따라서 (직선 EF) = (직선 FE)

③ 서로 다른 두 점을 지날 수 있는 직선은 오직 하나뿐!

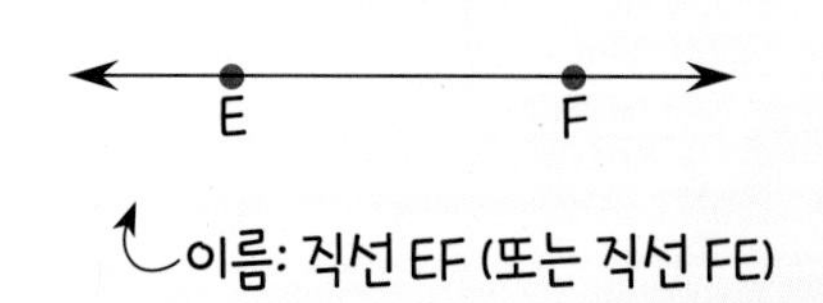

사건 총평

보통 책에서 보던 직선들은 한눈에 보여 끝이 있다고 생각했지만, 사실 직선은 끝이 없이 무한히 뻗어나가는 것이라는 점을 기억해야겠다.

의뢰인의 편지

광선검은 선분일까 반직선일까?

알지오 탐정단 여러분! 저는 이번 사건의 의뢰인 우주비행사입니다. 여러분의 도움으로 우주 비행을 무사히 마치게 되었습니다. 우주에 오랜 시간 있다 보니 지구의 많은 것이 그리웠어요. 그중 특히 지난 여름, 가족과 함께 보았던 레이저 쇼가 생각나네요.

탐정단 여러분은 밤하늘을 화려하게 수놓는 레이저 쇼를 본 적이 있나요? 레이저에도 우리가 배운 선의 개념이 숨겨져 있다고 해요. 레이저는 한 점에서 시작해 다른 한 점을 지나 곧게 뻗어나가는 반직선이라고 할 수 있거든요.

그렇다면 레이저를 활용한 광선검은 어떨까요? SF 영화에서 종종 등장하는 광선검은 빛 모양의 칼날을 가진 무기예요. 반직선의 성질을 가진 레이저라면 시작점으로부터 무한히 뻗어나가야 하는데, 영화에서의 광선검은 쭉 뻗어나가지 않고 중간에 끊어져 있어요. 그러니 광선검은 반직선이 아니라 선분이라고 할 수 있겠네요.

하지만 과학적으로 보면 광선검은 아직 현실에서는 만들어지기 어려운 상상 속의 무기예요. 손잡이에서 뻗어 나온 레이저가 필요한 칼날의 길이만큼만 직진하다가 정확히 멈춘다는 것은 불가능하기 때문이에요. 하지만 수학과 과학 기술의 발전은 직선만큼이나 무한하니 언젠가 개발될 수도 있겠죠? 우리 탐정단 여러분이 개발하는 날이 올지도 모르고요!

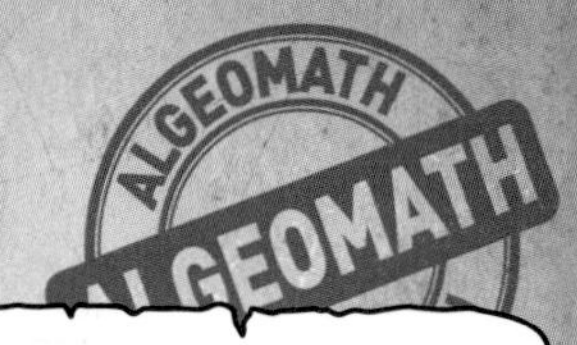

단 원 3학년 2학기 / 원

개 념 원의 중심, 반지름

난이도 ★☆☆☆☆

동그리 왕국의 옥새 지도

사건번호 2-2

두리번!
지오, 아리 탐정!
두리번!
아니, 경감님
무슨 일 있어요?
쉿...! 비밀리에
사건 의뢰가 들어왔어.
비밀... 사건이요!?

동그리 왕국 후계자가 옥새를 찾는다고 하네.
비밀리에 아무도 모르게 말이지.
옥새를요...?

이 유언장 속에 힌트가 있어.
참, 아무한테도 말하면 안 돼!
아이참~
당연하죠!
유언장

우리 동그리 왕국의 보물인 옥새는
빨간 말뚝( )으로부터 8 km,
노란 말뚝( )으로부터 7 km,
초록 말뚝( )으로부터 4 km,
파란 말뚝( )으로부터 10 km 이내의
성, 오두막, 동굴 중 하나에 숨겨져 있다.
옥새를 찾아 소중히 간직하고
다음 후계자에게 잘 물려주길 바란다.

으아... 말뚝마다
떨어진 거리가 달라!

뭐~ 힌트가 많아서
금방 찾을 수 있겠는걸?

단서

수집하기

현장 단서

단서 1 말뚝으로부터 일정한 거리 이내에 옥새가 있다.

주어진 거리를 반지름으로 하는 원을 그려 보자.

단서 2 말뚝은 여러 개가 꽂혀 있다.

각 말뚝을 원의 중심으로 하여 그린 원들이 겹쳐지는 곳을 찾아보자.

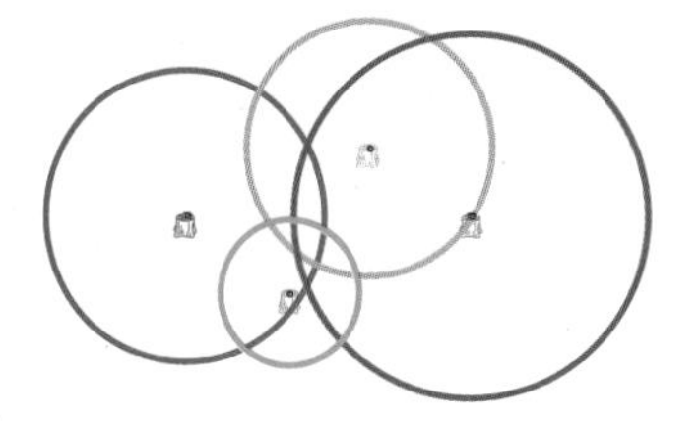

수학 단서

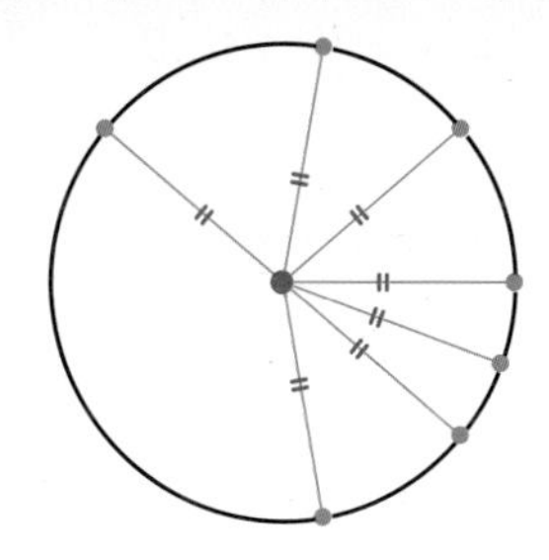

한 점에서 **같은 거리만큼** 떨어진 점들을 연결한 것이 **원**이다.

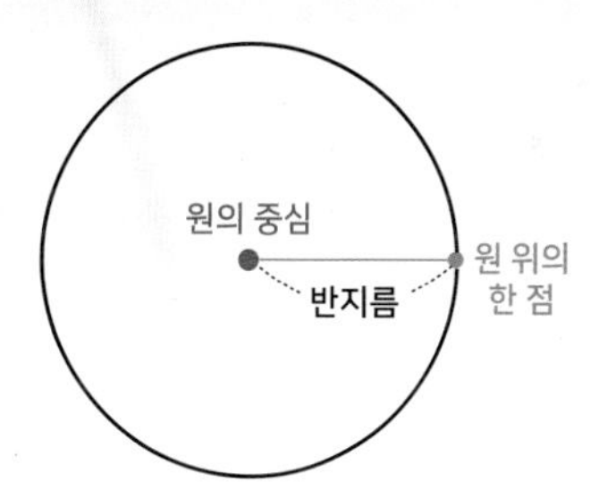

원의 중심과 원 위의 한 점을 잇는 **선분**이 **반지름**이다.

알지오매스 단서

임무 수행	도구 선택
점의 자취 확인하기	→ 점을 이동시키면서 남는 흔적 그리기
원 그리기	→ 원 : 중심과 반지름 한 점을 선택한 후 수(반지름)를 입력하여 원 그리기

1단계 원이 그려지는 원리 알아보기

❶ 환경설정( )에서 그리드 보기 설정을 끕니다.

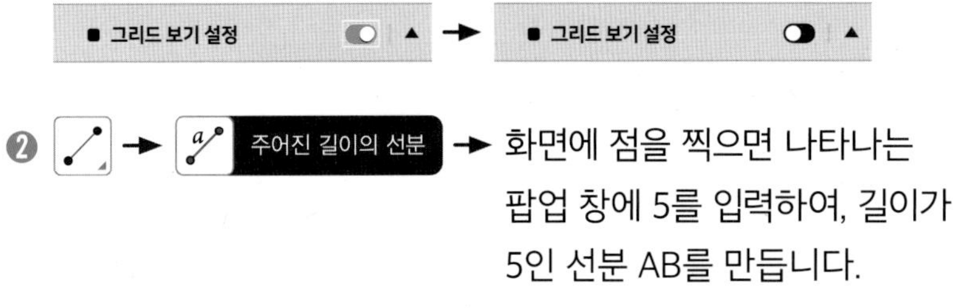

❷ → 주어진 길이의 선분 → 화면에 점을 찍으면 나타나는 팝업 창에 5를 입력하여, 길이가 5인 선분 AB를 만듭니다.

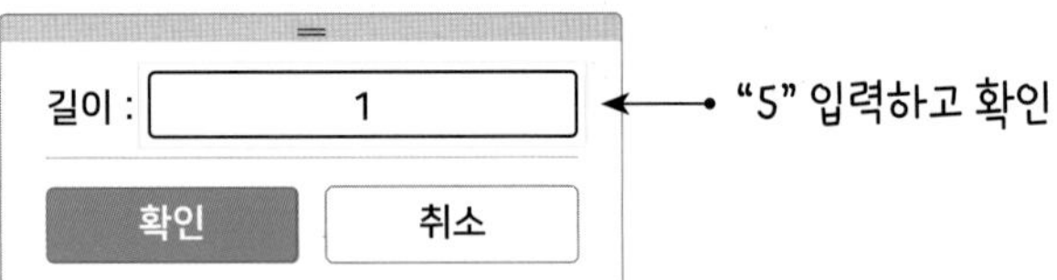

← "5" 입력하고 확인

❸ → 선택 (또는 Esc) → 점 B를 클릭하면 나타나는 팝업 창에서 자취 버튼을 선택합니다.

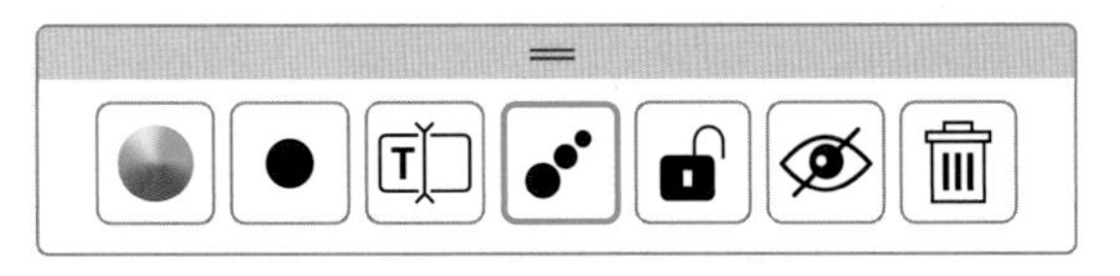

❹ 점 B를 클릭한 채로 움직이면서 나타나는 자취를 확인합니다.

※ 이때 나타나는 점들은 모두 점 A로부터 거리가 5인 점이므로 점 A를 중심으로 하고 반지름이 5인 원이 그려집니다.

1단계

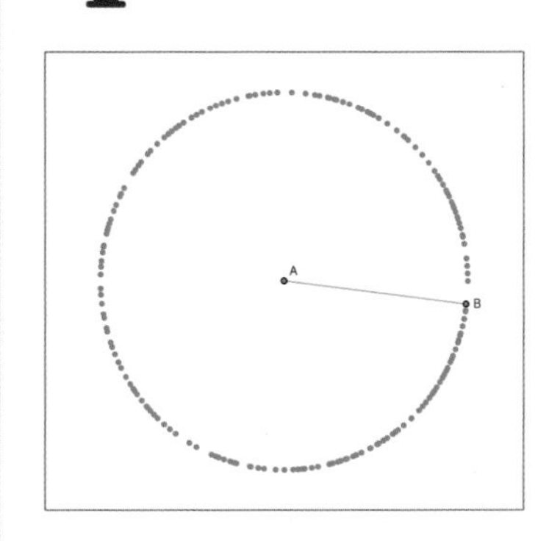

돋보기 원은 어떻게 만들어지나요?

한 점으로부터 같은 거리에 있는 무수히 많은 점이 모여 원이 됩니다. 반지름이 변함에 따라 달라지는 다양한 크기의 원을 알지오매스를 통해 확인해 봅시다.

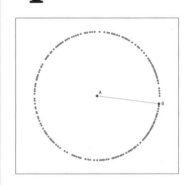

원이 어떻게 만들어지는지 알았으니 이제 옥새의 위치를 확인해 볼까?

각각의 말뚝으로부터의 거리를 반지름이라고 생각하고 원을 그려 보면 되겠다!

2단계 옥새 위치 확인하기

❶ 옥새는 빨간 말뚝( )으로부터 8 km, 노란 말뚝( )으로부터 7 km, 초록 말뚝( )으로부터 4 km, 파란 말뚝( )으로부터 10 km 이내에 있다.

❷ 옥새는 성, 오두막, 동굴 중 하나에 숨겨져 있다.

3단계 빨간 말뚝을 중심으로 원 그리기

❶ 도안을 준비합니다. (오른쪽 참고)

❷ 스냅 설정( )에서 스냅 끄기를 선택합니다.

❸ → 원 : 중심과 반지름 → 빨간 말뚝 위의 까만 점(원의 중심)을 클릭하면 나타나는 팝업 창에 8을 입력하여, 반지름이 8인 원을 그립니다.

잠깐!

원을 그리기 위해서는 원의 중심을 먼저 정해야 해요. 그래야 중심으로부터 같은 거리에 있는 점들을 그릴 수 있으니까요. 우리 도안에서는 말뚝 위의 까만 점이 원의 중심이에요!

돋보기 왜 원을 그리나요?

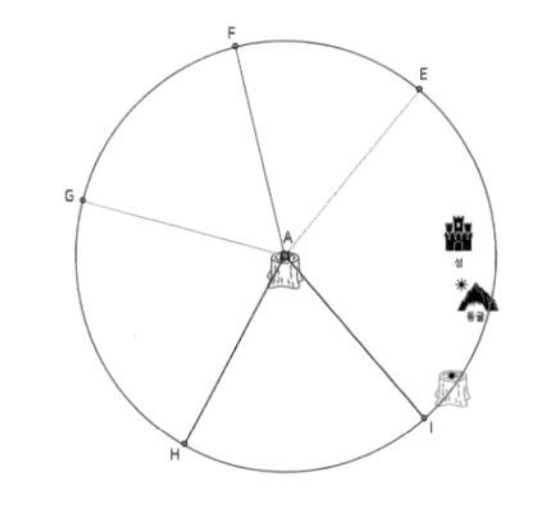

빨간 말뚝으로부터 8만큼 떨어진 곳은 무수히 많습니다. 그중에서 한 곳에 옥새가 숨겨져 있을 거예요. 그래서 빨간 말뚝으로부터 반지름이 8인 원을 그려 보면 그 원의 안쪽이 후보지가 되겠죠?

4단계 나머지 말뚝을 중심으로 원 그리기

❶ → 원 : 중심과 반지름 → 말뚝 위의 까만 점을 중심으로 원을 모두 그립니다.

※ <3단계> ❸번을 참고하세요.

- 노란 말뚝( )을 중심으로 반지름이 7인 원
- 초록 말뚝( )을 중심으로 반지름이 4인 원
- 파란 말뚝( )을 중심으로 반지름이 10인 원

❷ 네 개의 원 모두의 안쪽이 되는 위치를 찾습니다.

3단계

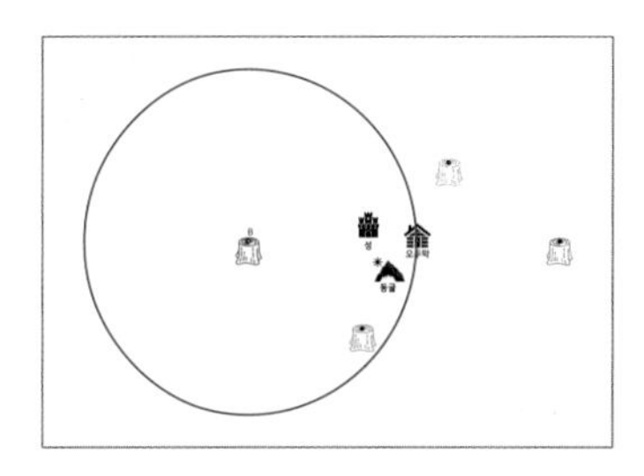

도안 준비

모바일 QR코드 찍기
PC 모둠에서 열기

4단계

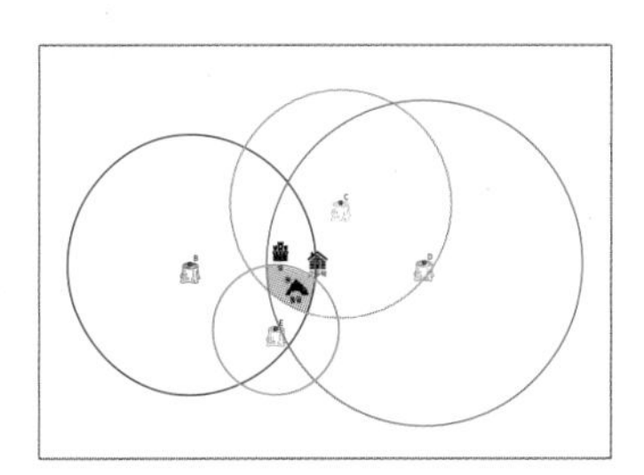

옥새는 바로 (ㄷㄱ)에 있었군! 오늘도 사건 해결 완료~!

정답 : 동굴

사건번호 | 2-2

오늘은 동그리 왕국의 왕이 될 후계자를 도와 왕국의 숨겨진 옥새를 찾아 드렸다.
이번 사건의 가장 큰 실마리는 바로 원이었다.

원

① 원: 한 점으로부터 같은 거리만큼 떨어진 점들의 모임

② 반지름: 원의 중심과 원 위의 한 점을 이은 선분

사건 총평

원이 수없이 많은 점을 모두 모아놓은 것이라는 사실이 신기했다.
알지오매스를 사용하니 원이 만들어지는 원리가 한눈에 들어왔다. 역시 기특한 알지오매스!

의뢰인의 편지

옥새를 아무도 모르는 위치에 다시 숨겨 주세요!

알지오 탐정단 여러분! 저는 이번 사건의 의뢰인 동그리 왕국의 후계자입니다. 우리 동그리 왕국의 옥새를 찾아 주어서 정말 고마워요. 옥새가 동굴에 있었을 줄은 꿈에도 몰랐어요.

이제는 우리 왕국의 안전을 위하여 제가 그 옥새를 다시 아무도 모르게 숨기려고 하는데, 탐정단 여러분께 부탁드려도 될까요? 그럼 부디 옥새를 안전하게 숨겨 주세요. 화이팅!

오두막, 성, 동굴, 언덕, 신전 중 하나를 선택하여 옥새를 숨겨 주고 다음 후계자가 찾을 수 있도록 힌트도 함께 만들어 주세요.

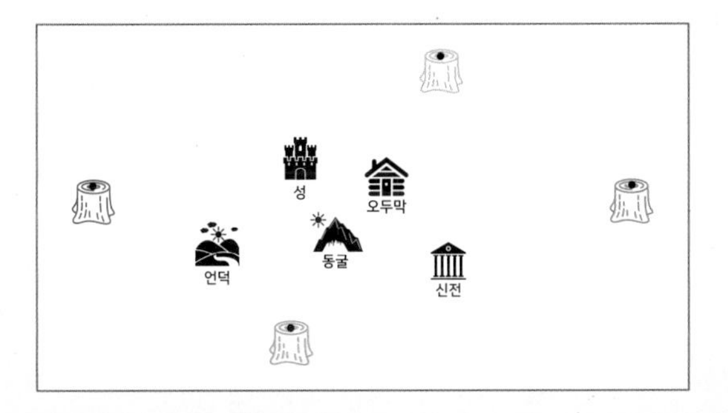

왼쪽 QR코드를 찍거나 모듬에 접속하여 지도를 찾고 지도 위에 옥새를 숨겨 보세요.

※ 이번에는  원 : 중심과 한 점 도구를 이용하여 원을 그려 보세요.

옥새를 숨긴 곳

옥새를 숨긴 곳은

(오두막, 성, 동굴, 언덕, 신전)입니다.

※ 숨긴 곳에 동그라미 해 주세요.

신난다! 어디에 숨길까? 아무도 모르는 곳에 숨겨 놓자~!
신났군, 신났어. 다음 후계자가 찾을 수 있도록 힌트 주는 것도 잊지 말자구~!

다음 후계자에게 줄 힌트

옥새는

빨간 말뚝으로부터 (   ) km,

노란 말뚝으로부터 (   ) km,

초록 말뚝으로부터 (   ) km,

파란 말뚝으로부터 (   ) km

이내에 숨겨져 있어요.

※  길이 도구를 이용하여 반지름을 구해 빈칸에 써 넣어 보세요.

단 원 4학년 2학기 / 사각형

개 념 사다리꼴, 평행사변형

난이도 ★★☆☆☆

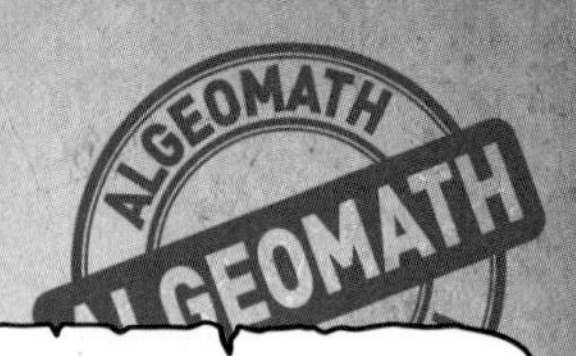

길을 잃은 아이

사건번호 2-3

단서 수집하기

현장 단서

단서 1 아이의 할아버지와 아빠는 아이처럼 네모나게 생겼다.

할아버지와 아빠도 사각형일 것이다.

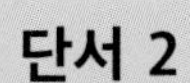

단서 2 할아버지는 사다리꼴, 아빠는 평행사변형이다.

사다리꼴과 평행사변형의 특징을 파악하자.

수학 단서

사다리꼴은 **평행한 변이 한 쌍**이라도 있는 사각형이다.

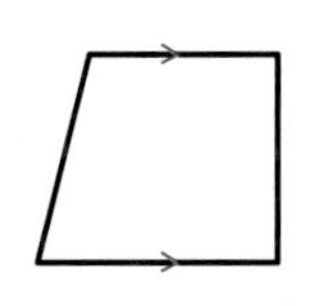

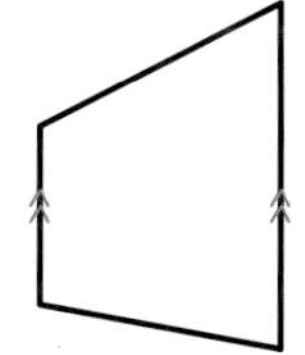

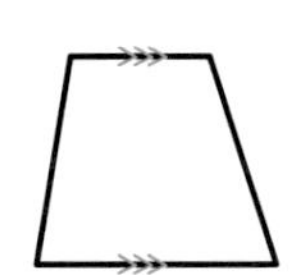

평행사변형은 **마주 보는 두 쌍의 변이 서로 평행**한 사각형이다.

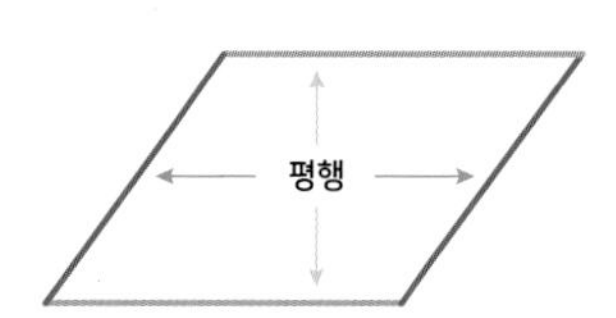

알지오매스 단서

임무 수행	도구 선택
교점 찍기	→ 교점 두 선을 선택하여 만나는 점(교점) 찍기
평행선 그리기	→ 평행선 한 직선을 선택한 후 이동하여 평행한 선 그리기
선분의 길이 측정	→ 길이 선분의 양 끝점을 선택하여 길이 측정하기
각의 크기 측정	→ 각도 각을 이루는 세 점을 차례로 선택하여 각도 측정하기

1단계 사다리꼴 그리기

❶ → 선분 → 점 2개를 찍어 선분 AB를 그립니다.

❷ → 평행선 → ❶의 선분을 클릭한 후, 원하는 위치에 ❶과 평행한 직선을 그립니다.

❸ → 대상 위의 점 → ❷에서 그린 평행선 위를 클릭하여 평행선 위의 점 D를 만듭니다.

❹ → 선분 → 점 A와 점 C를 클릭하여 선분 AC를 만들고, 점 B와 점 D를 클릭하여 선분 BD를 만듭니다.

※ 완성된 사다리꼴 ABDC를 확인합니다.

1단계

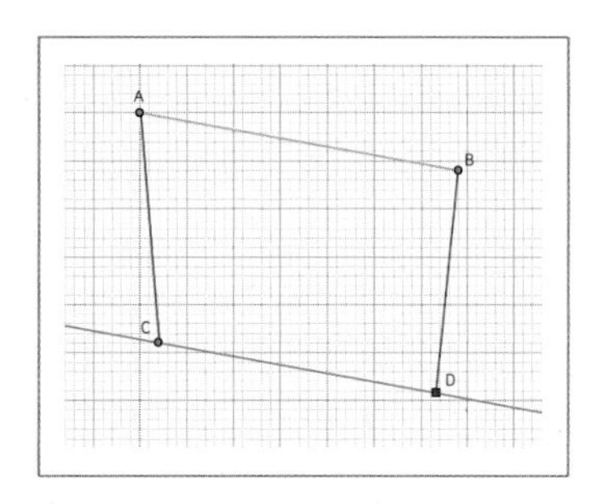

잠깐!

점을 찍거나 선을 그릴 때(평행선을 그릴 때도) 완성되는 도형이 사각형 모양이 되도록 잘 살피면서 점을 찍습니다. 오른쪽 그림처럼 되지 않도록 주의하세요!

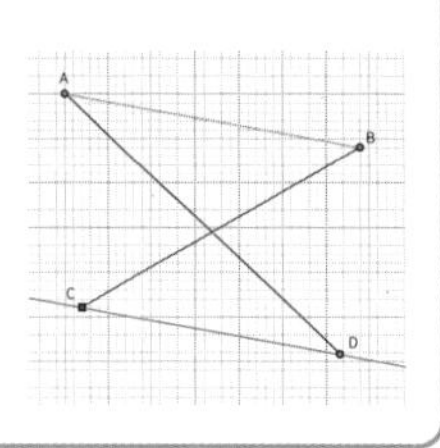

2단계 평행사변형 그리기

❶ → 직선 → 점 2개를 찍어 직선을 그립니다.

❷ → 평행선 → ❶의 직선을 클릭한 후, 원하는 위치에 ❶과 평행한 직선을 그립니다.

❸ → 직선 → ❶과 ❷에서 그은 두 직선과 동시에 만나는 직선을 그립니다.

❹ → 평행선 → ❸과 평행한 직선을 그립니다.

❺ → 교점 → 교차하는 두 직선을 차례로 선택하여 만나는 점(교점)을 찍습니다. (점 B_1~점 E_1)

※ 완성된 평행사변형을 확인합니다.

2단계

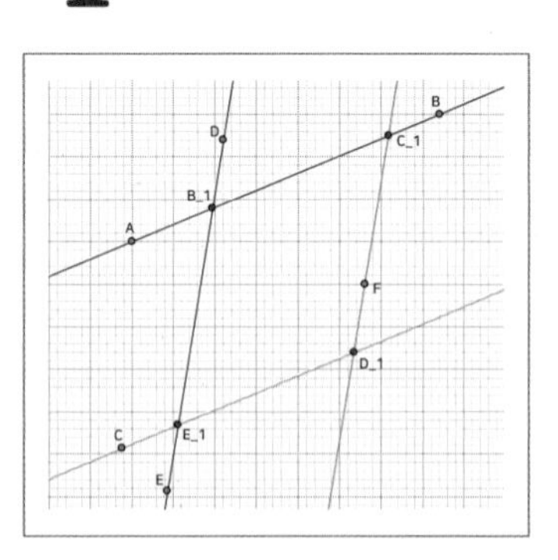

3단계 각의 크기와 변의 길이 측정하기

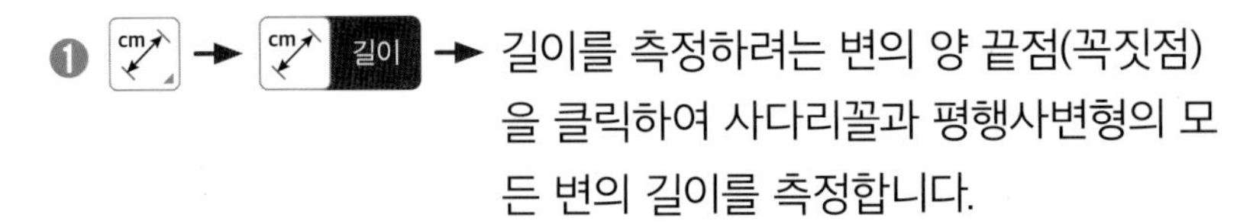

❶ [cm] → [cm 길이] → 길이를 측정하려는 변의 양 끝점(꼭짓점)을 클릭하여 사다리꼴과 평행사변형의 모든 변의 길이를 측정합니다.

❷ [cm] → [각도] → 각을 이루는 세 점을 시계방향 순서로 클릭하여 사다리꼴과 평행사변형의 모든 각의 크기를 측정합니다.

돋보기 각의 크기는 어떻게 측정하나요?

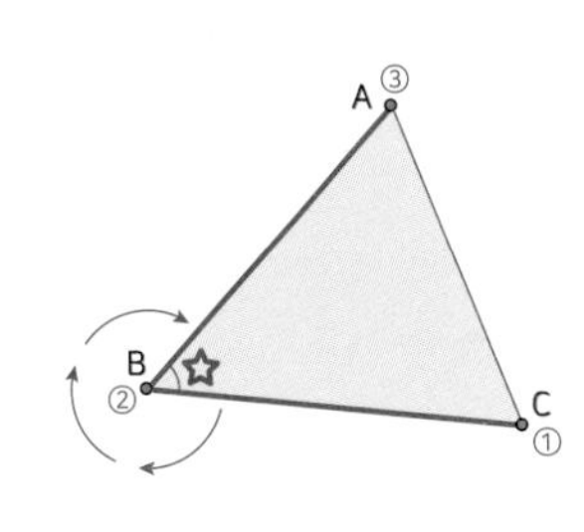

알지오매스에서 각을 측정할 때는 각을 중심으로 시계방향 순서로 세 점을 선택해야 합니다. 왼쪽 그림에서, ☆표시된 각의 크기를 측정하려면 각을 이루는 세 점을 시계방향 순서(C→B→A)로 선택합니다.

4단계 도형을 움직여서 관찰하고 특징 찾기

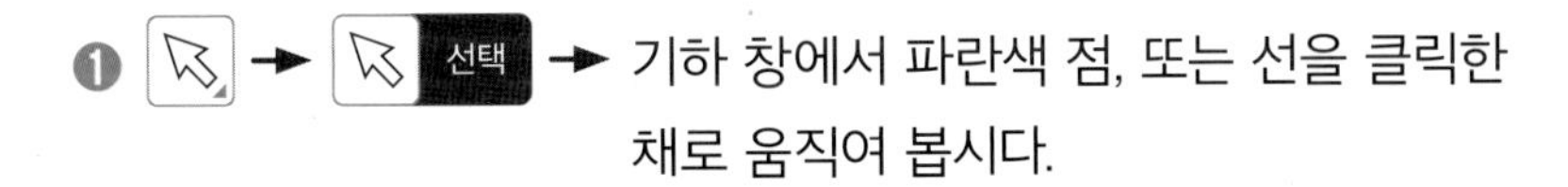

❶ [선택] → 기하 창에서 파란색 점, 또는 선을 클릭한 채로 움직여 봅시다.

❷ 마우스를 이쪽 저쪽으로 움직이는 동안 도형이 어떻게 변하는지 관찰해 봅시다.

❸ 움직이는 동안 바뀌는 부분과 바뀌지 않는 부분을 살펴보고, 발견한 사다리꼴과 평행사변형의 특징을 아래 "**잠깐!**"의 빈칸에 적어 봅시다.

잠깐!

① 사다리꼴은 (ㅍ ㅎ)한 변이 한 쌍이라도 있는 사각형입니다.

② 사다리꼴의 네 내각의 합은 항상 (　　)°입니다.

③ 평행사변형은 마주 보는 두 쌍의 변이 서로 (ㅍ ㅎ)한 사각형입니다.

④ 평행사변형의 마주 보는 두 (ㅂ)의 길이는 같습니다.

⑤ 평행사변형의 마주 보는 두 (ㄱ)의 크기는 같습니다.

정답 : ① 평행 ② 360 ③ 평행 ④ 변 ⑤ 각

3단계

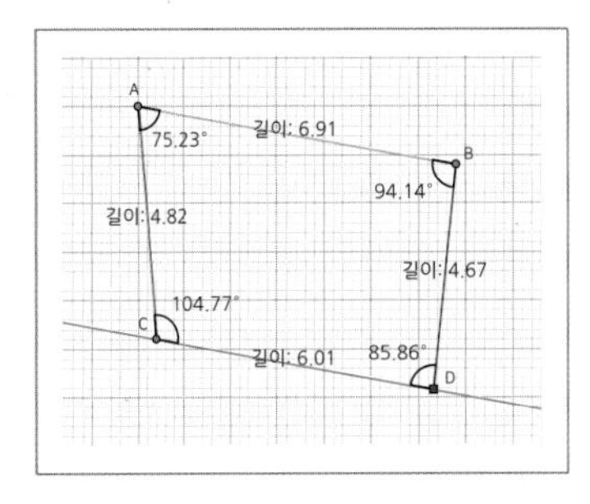

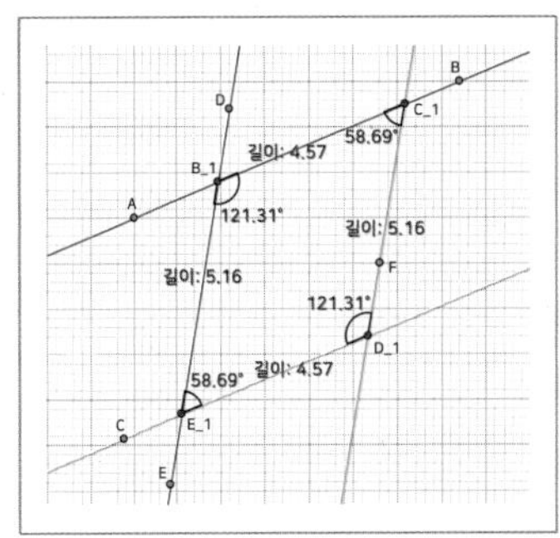

왜!! 뭔가 신기해!! 어떻게 움직여도 계속 사다리꼴이잖아?

그렇지! 알지오매스가 도형의 성질을 유지하면서 움직일 수 있게 해서, 우리가 더 쉽게 도형을 이해할 수 있게 도와주는 거라구!

점 또는 선을 움직이고 싶을 때는 항상! Esc 또는 [선택] 버튼을 클릭하고 해야 하는 거 잊지 않았지?

아리와 지오의

사건수첩

알지오 수학 탐정단

사건번호 | 2-3

오늘은 길을 잃은 사각형 아이의 할아버지와 아빠의 특징을 찾아 주었다.
이번 사건의 가장 큰 실마리는 사다리꼴과 평행사변형의 특징이었다.

사다리꼴

① 평행한 변이 한 쌍이라도 있는 사각형

② 네 내각의 합은 항상 360°이다.

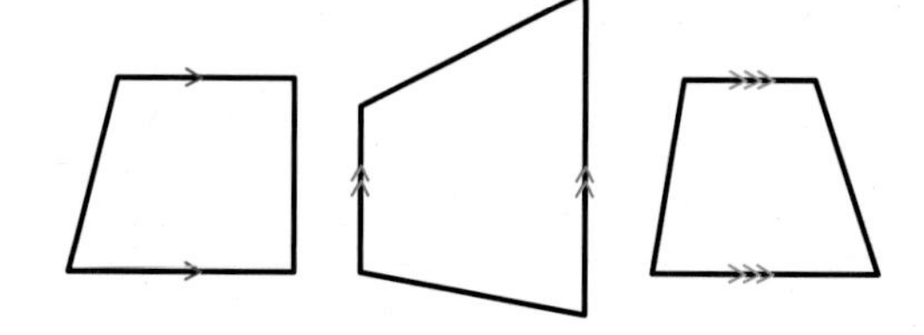

평행사변형

① 마주 보는 두 쌍의 변이 서로 평행한 사각형

② 마주 보는 두 변(대변)의 길이가 같다.

③ 마주 보는 두 각(대각)의 크기가 같다.

④ 네 내각의 합은 항상 360°이다.

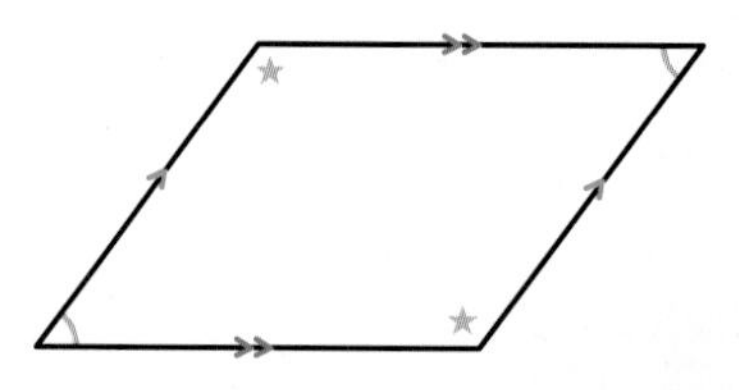

사건 총평

우리가 발견한 사다리꼴과 평행사변형의 특징 덕분에 사각형 아이가 가족을 빠르게 찾을 수 있었다. 역시 알지오매스는 최고의 도구인 것 같다.

의뢰인의 편지

특별한 이름을 가진 사다리꼴이 있다구요?

알지오 탐정단 여러분! 저는 지난번에 놀이공원에서 만난 꼬마예요. 오늘은 저희 사다리꼴 할아버지께서 해 주신 놀라운 이야기를 들려 드릴게요.

우리가 이번에 탐구해 본 사다리꼴 중에는 특별한 이름을 가진 사다리꼴이 있다고 해요. 그 녀석의 이름은 바로 '**등변사다리꼴**'!!

등변사다리꼴은 사다리꼴의 평행한 변 중 하나를 밑변으로 할 때, 양쪽 밑각이 서로 같은 사다리꼴이에요. 말은 어렵지만 오른쪽 그림을 보면 단번에 이해할 수 있답니다. 이때, 등변사다리꼴의 한 쌍의 평행한 변을 제외한 나머지 두 변을 '빗변'이라고 해요.

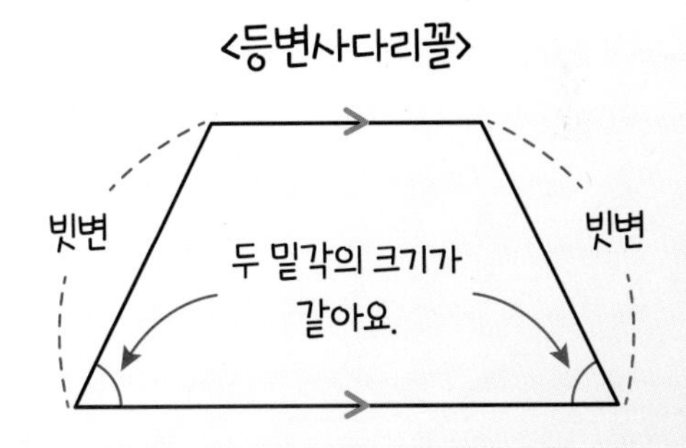

여기서 퀴즈! 등변사다리꼴은 두 가지 선분의 길이가 같다는 성질이 있습니다. 아래 초성 힌트와 알지오매스 실험을 통해 문장을 완성해 보세요. 탐정단 여러분의 실력을 믿습니다!

아래 빈칸에 알맞은 말을 써넣어 '등변사다리꼴의 성질'을 완성해 보세요.

등변사다리꼴 이름의 뜻을 생각해 보세요.
등변사다리꼴 = 등(같을 등, 等) + 변 + 사다리꼴입니다!

1. 두 (ㅂ ㅂ) 의 길이가 같다.
2. 두 (ㄷ ㄱ ㅅ)의 길이가 같다.

정답: 1. 빗변 2. 대각선 (이웃하지 않는 두 꼭짓점을 잇는 선분을 대각선이라고 합니다.)

단 원	4학년 2학기 / 다각형
개 념	다각형, 정다각형
난이도	★★☆☆☆

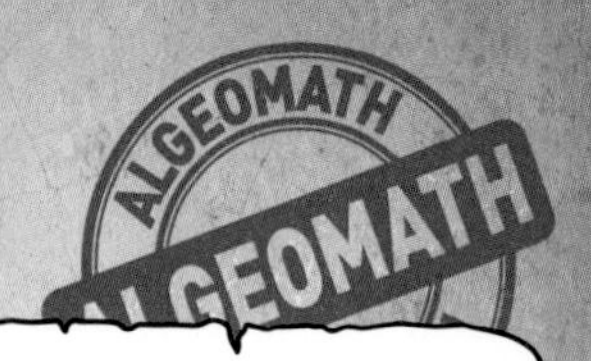

정다각형 전통 보석 찾기

사건번호 2-4

지오야!
Mr. DAGAK한테서 편지가 왔더라!
쾅!
Mr. DAGAK이라면, 그... 세계가 탐내는 보석 디자이너?
친애하는 알지오 탐정단께.
우리 DAGAK 주얼리 컴퍼니에서 설립 초창기부터 영업 비밀로 지켜온 '전통 보석 도안'이 사라졌습니다.
다른 회사에서 우리 디자인을 도용할지도 모른다는 생각에 잠을 못 자겠어요.

DAGAK의 전통 보석이라면...
쿠궁!!
돈을 주고도 못 산다던 그 보석이잖아?
우리 DAGAK의 전통 보석들은 모두 세 개 이상의 선분으로 둘러싸여 있으며, 크기가 바뀌어도 절대 변하지 않는 성질을 가지고 있어요.
그것은 바로 각각의 보석은 모든 변의 길이와 각의 크기가 항상 같다는 것!
이 조건을 통과해야 DAGAK 보석입니다.
우리 '전통 보석 도안'을 찾아 주세요!
- Mr. DAGAK

Mr. DAGAK의 전통 보석이라니! 생각만 해도 가슴이 설레!!
지난번에 그 아이를 도와줬던 것처럼 이번에도 금방 해결할 수 있겠지?
일단 부딪쳐 보자!

단서

수집하기

현장 단서

단서 1 세 개 이상의 선분으로 둘러싸여 있고, 모든 변의 길이와 각의 크기가 같다.

다각형이고, 그중에서도 정다각형이다.

단서 2 DAGAK의 전통 보석은 크기가 변해도, 절대 바뀌지 않는 성질이 있다.

정다각형의 변하지 않는 성질을 찾자.

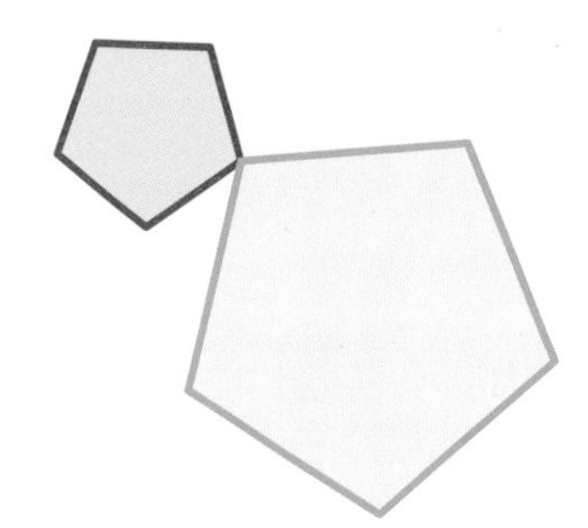

수학 단서

다각형은
세 개 이상의 선분으로 **둘러싸인 도형**이다.

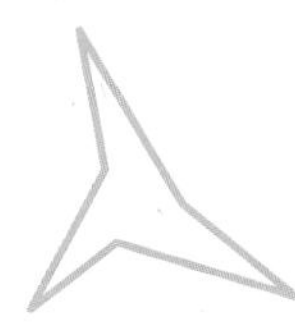

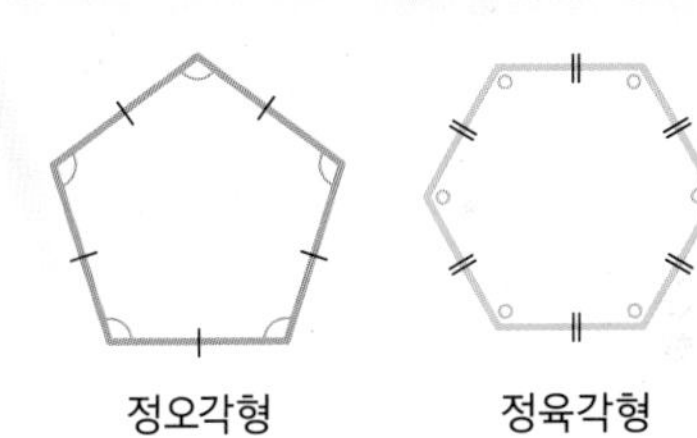

모든 **변의 길이**와 **각의 크기**가 같은
다각형은 **정다각형**이다.

알지오매스 단서

임무 수행	도구 선택
다각형 그리기	→ 다각형 꼭짓점을 이웃하는 순서대로 모두 찍어 다각형 그리기
정다각형 그리기 ①	→ 정다각형 : 한 변 두 점을 찍어서 한 변을 그린 후, 꼭짓점의 개수 선택하기
정다각형 그리기 ②	→ 정다각형 : 중심과 한 점 정다각형의 중심과 꼭짓점 하나를 선택하여 정다각형 그리기

1단계 오각형 만들고 측정하기

❶ 환경설정( )에서 그리드 보기 설정 아래 항목에서 x축, y축을 클릭하여 두 개의 축이 보이지 않게 설정합니다.

❷ → 다각형 → (꼭짓점이 될) 점 5개를 찍고, 마지막으로 처음 찍었던 점을 다시 찍어 오각형을 그립니다.

❸ → 길이 → 길이를 측정하려는 변의 양 끝점(꼭짓점)을 차례로 선택합니다.
※ 변을 클릭해도 됩니다.

❹ → 각도 → 각을 이루는 세 점을 **시계방향 순서**로 클릭하여 오각형의 내각의 크기를 모두 측정합니다.
※ 각의 크기를 잴 때 점을 찍는 순서가 헷갈리면, 교재 55쪽 돋보기를 참고하세요.

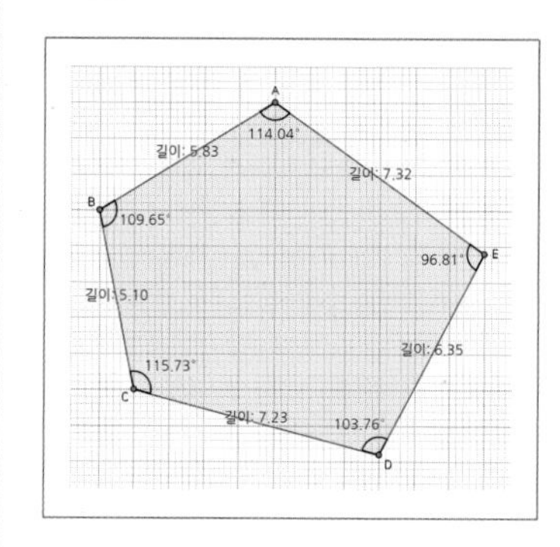

같은 방법으로
다른 다각형도 그려 봐.
명심할 건, 마지막에
처음 찍은 점을 반드시
다시 찍어야 한다는 사실!!

2단계 오각형을 정오각형으로 변형하기

❶ → 선택 → 오각형의 꼭짓점을 클릭한 상태로 마우스를 움직여서 오각형의 모양을 바꿔 봅시다.

❷ 오각형의 변을 클릭한 상태로 마우스를 움직여서 오각형의 모양을 바꿔 봅시다.

❸ 5개의 각의 크기가 모두 같고 5개의 변의 길이가 모두 같아지면 정오각형입니다.

끙...
여러 개의 변의
길이와 각의 크기를
같게 맞추려고 하니
쉽지 않은 걸...?

하하하하하.
더 쉬운 방법이 있는데,
알려줄까~ 말까~?

잠깐!

알지오매스에서 정다각형을 그릴 때는 원하는 다각형이 몇 각형인지에 따라 점의 개수만 정해주면 됩니다. 정다각형은 점의 개수, 변의 개수, 각의 개수가 모두 똑같기 때문이죠.

3단계 정오각형을 쉽게 만드는 두 가지 방법

❶ 두 점을 찍어서 한 변을 결정하고 그리기

→ 정다각형 : 한 변 → (한 변을 결정할) 점 2개를 찍으면 나타나는 팝업 창에 5를 입력하여 정오각형을 그립니다.

❷ 정다각형의 중심과 한 꼭짓점을 결정하고 그리기

→ 정다각형 : 중심과 한 점 → 중심이 될 점과 꼭짓점 1개를 차례로 찍은 후, 팝업 창에 5를 입력하여 정오각형을 그립니다.

3단계

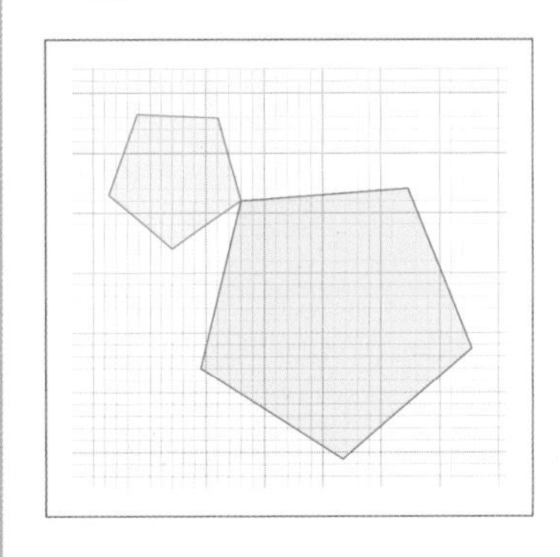

4단계 정오각형의 변하지 않는 성질 찾기

❶ → 각도 → 각을 이루는 세 점을 **시계방향 순서**로 클릭하여 정오각형의 내각의 크기를 모두 측정합니다.

❷ → 선택 → 정오각형을 움직여서 다양한 크기의 정오각형을 만들고, 크기가 바뀔 때 내각의 크기가 어떻게 변하는지 확인합니다.

4단계

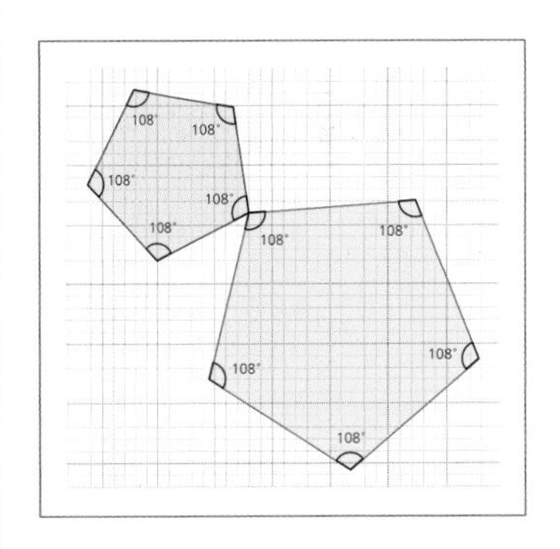

잠깐!

각각의 다각형을 변형하고 싶을 때는 먼저 결정했던 점인 파란색 점(●)을 움직여야 합니다. <3단계>에서 ❶번 방법으로 그린 다각형은 처음 결정한 변의 양 끝점을, ❷번 방법으로 그린 다각형은 중심과 처음 찍었던 꼭짓점을 움직여야 한답니다.

정오각형의 크기를 계속 키워봐도 각의 크기는 그대로네!

5단계 다양한 정다각형에서 각의 크기 확인하기

❶ → 정다각형 : 한 변 → 점 2개를 찍으면 나타나는 팝업 창에 3, 4, 6, 7, … 다양한 수를 입력하여 여러 가지 정다각형을 만듭니다.

❷ → 각도 → 정다각형의 내각의 크기를 측정합니다.

❷ → 선택 → 만들어진 정다각형의 크기가 바뀔 때, 각의 크기는 어떻게 되는지 확인합니다.

오호라! 다른 정다각형들도 각의 크기가 변하지 않아! 그럼 이게 바로 Mr. DAGAK이 말한 '정다각형의 변하지 않는 성질'이네!!

알지오 수학 탐정단

사건번호 | 2-4

오늘은 Mr. DAGAK 의 전통 보석을 만들 수 있는 도안을 찾아 주었다.
이번 사건의 가장 큰 실마리는 바로 다각형과 정다각형이었다.

다각형

세 개 이상의 선분으로 둘러싸인 도형

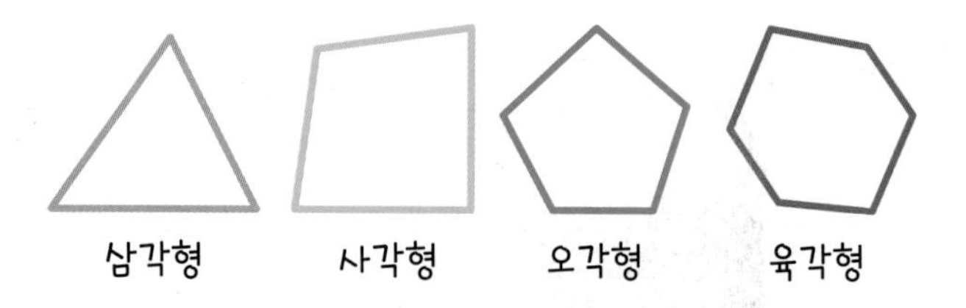

정다각형

모든 변의 길이와 모든 각의 크기가
같은 다각형

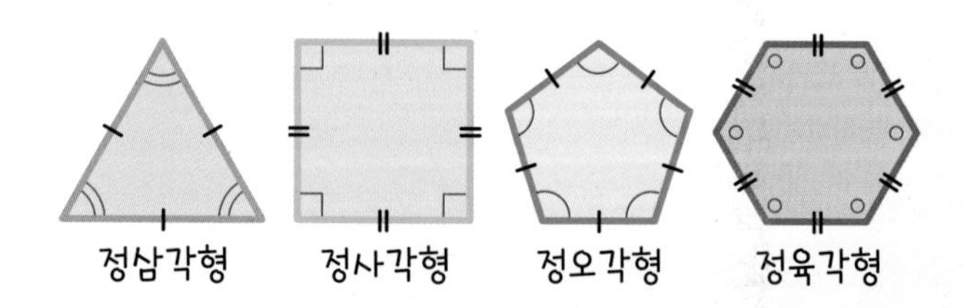

정다각형의 성질

도형의 크기가 달라져도 한 내각의 크기는 변하지 않는다.

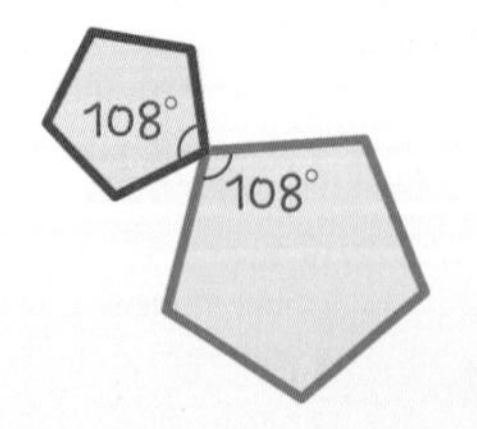

사건 총평

알지오매스에서 만든 정오각형의 크기를 키워도 보고 줄여도 봤지만, 정오각형의 한 내각의 크기는 변하지 않았다. 이것이 Mr. DAGAK의 전통 보석의 성질이군!

의뢰인의 편지

이렇게 이상해도 다각형이라고 할 수 있나요?

알지오 탐정단 여러분! 저는 이번 사건의 의뢰인 보석 디자이너 Mr. DAGAK입니다. 여러분 덕분에 우리 DAGAK 주얼리 컴퍼니의 전통 보석 도안을 찾았어요! 감사의 표시로 우리 DAGAK의 신상 보석 디자인들을 보여드리려 해요. 좀 독특해 보이지만 이 도안들도 다각형들로 이루어져 있답니다.

다각형은 세 개 이상의 선분으로 둘러싸여 있기만 하면 되기 때문에 아래와 같은 모양도 다각형이에요. 여러분들도 알지오매스로 복잡하면서도 아름다운 다각형 보석을 만들어 보세요.

하지만 아래와 같은 디자인들은 우리 DAGAK에서는 취급하지 않습니다. 그 이유는 다각형이 아니기 때문이지요. 탐정단 여러분도 다각형과 다각형이 아닌 것을 구별하실 수 있겠죠?

왼쪽 도형은 곡선이 있어서 다각형이 아니야.
오른쪽 도형은 선분으로 둘러싸여 있지 않고, 뚫린 곳이 있기 때문에 다각형이 아니지.

단 원 4학년 2학기 / 사각형

개 념 평행, 동위각, 엇각

난이도 ★★★☆☆

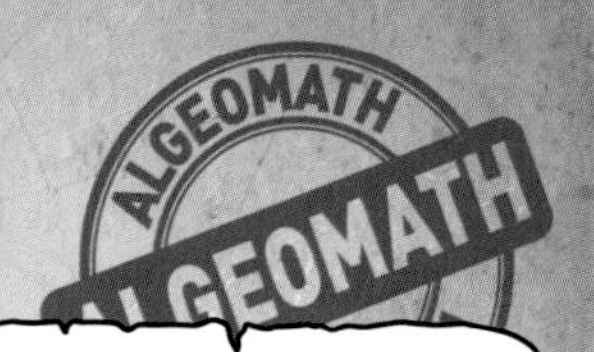

카페 벽화 소송 사건

사건번호 2-5

단서

수집하기

현장 단서

단서 1 작가는 가로 선들이 서로 평행하다고 주장한다.

가로 선만 남겨서 살펴보자.

단서 2 평행한지 비스듬한지 확인해야 한다.

평행선의 성질을 알아야 한다.

수학 단서

평행한 두 직선과 동시에 만나는 직선이 만드는 각들의 크기를 확인하자.

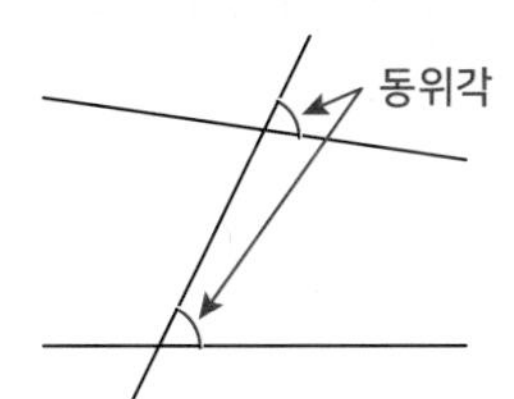

같은(동, 同) 위치에 있는 **각: 동위각**

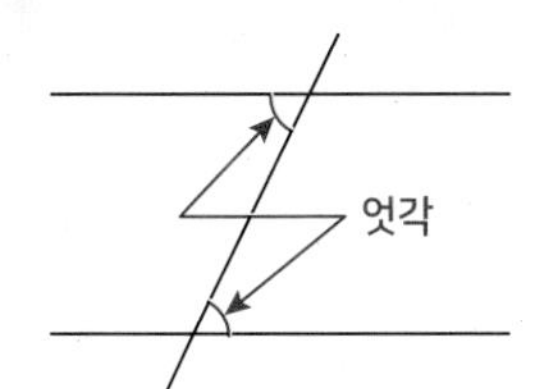

엇갈린 위치에 있는 **각: 엇각**

알지오매스 단서

임무 수행	도구 선택
평행선 그리기	→ 평행선 한 직선을 선택한 후 이동하여 평행한 선 그리기
각의 크기 측정	→ 각도 각을 이루는 세 점을 차례로 선택하여 각도 측정하기

1단계 두 직선과 만나는 한 직선 그리기

❶ → 직선 → 두 점을 찍어 직선 AB를 그리고, 다른 위치에 두 점을 찍어 직선 CD를 그립니다.

※ 꼭 서로 평행하게 그리지 않아도 돼요.

❷ → 직선 → 오른쪽 그림과 같이 ❶에서 그린 두 직선과 만나는 직선 EF를 그립니다.

1단계

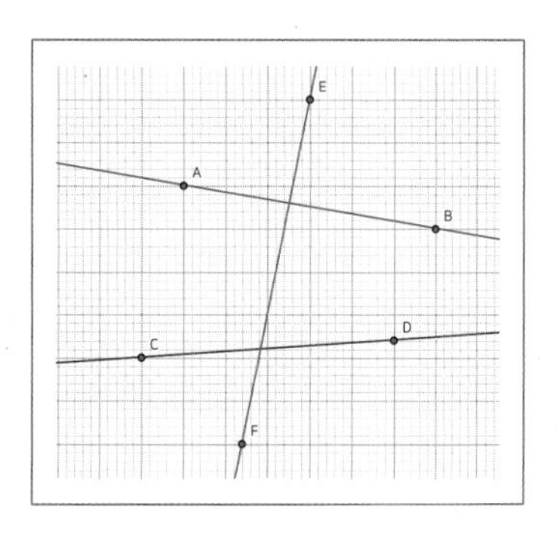

잠깐!

두 직선이 다른 한 직선과 만나서 생기는 각 중에서 같은 위치에 있는 두 각을 동위각이라고 합니다. 동위각의 크기를 비교해 보면 두 직선이 평행한지 확인할 수 있어요.

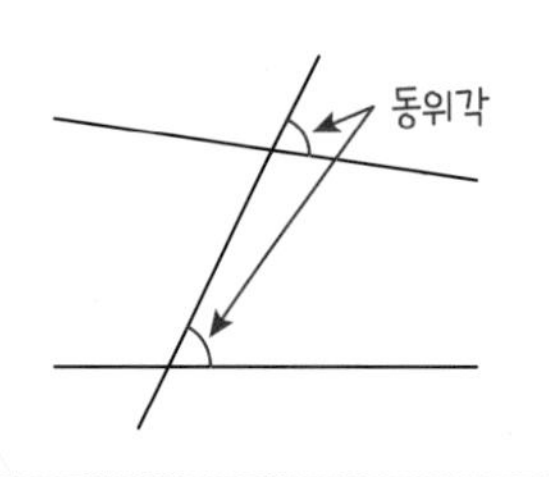

2단계 동위각의 크기 비교하기

❶ → 교점 → 직선 AB와 직선 EF, 그리고 직선 CD와 직선 EF를 차례대로 선택하여 교점을 찍어 줍니다.

❷ → 각도 → 각을 이루는 세 점을 **시계방향 순서**로 클릭하여 동위각 위치에 있는 두 각의 크기를 비교합니다.

※ 각각 점 B→점 B_1→점 E, 그리고 점 D→점 C_1→점 B_1의 순서로 클릭합니다.

❸ 동위각의 크기가 같지 않을 때는 축소 버튼(━)을 클릭하여 두 직선이 만나는지 확인합니다.

※ 평행한 두 직선은 만날 수 없어요.

❹ → 선택 → 교점이 아닌 점 중 하나를 클릭한 상태로 마우스를 움직여 동위각(❷에서 측정한 두 각)의 크기가 같아질 때, 두 직선의 관계를 확인합니다.

2단계

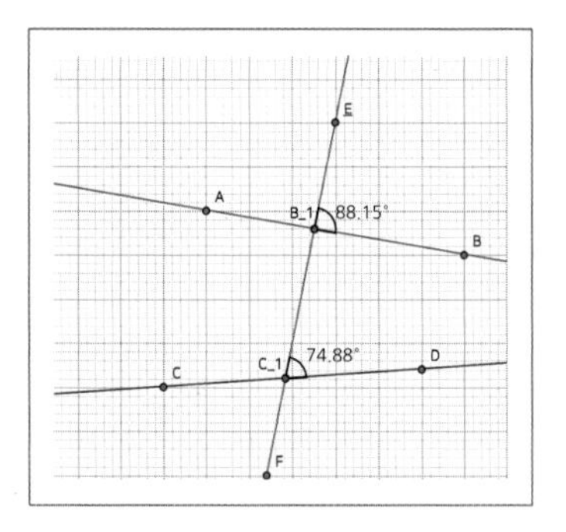

돋보기 교점이 뭐예요?

교점이란 **교차하면서(만나면서) 생기는 점**을 말합니다. 둘 이상의 선이 만날 때, 또는 선과 면이 만날 때 점이 생기고, 이 점을 **교점**이라고 합니다.

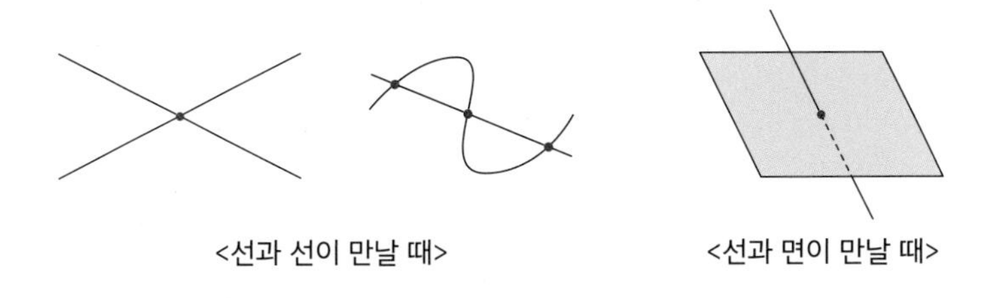

<선과 선이 만날 때> <선과 면이 만날 때>

잠깐!

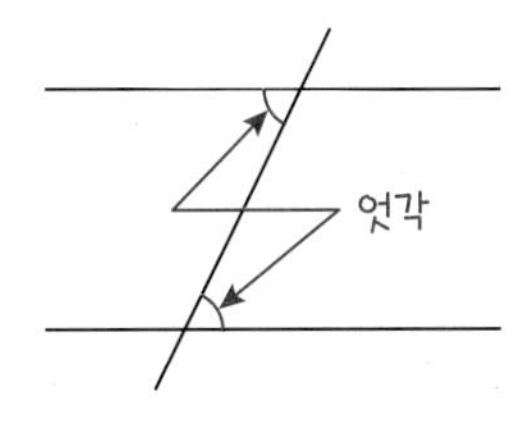

두 직선이 다른 한 직선과 만나서 생기는 각 중에서 서로 엇갈린 위치에 있는 두 각을 엇각이라고 합니다. 동위각처럼 엇각의 크기를 비교해 보면 두 직선이 평행한지 확인할 수 있어요.

기하 창에서 점은 건드리지 말고 선 부분을 클릭한 상태로 직선을 움직여서 (평행 이동해서) 다른 선과 완전히 겹쳐지면 평행한거야.

3단계 엇각의 크기 비교하기

❶ 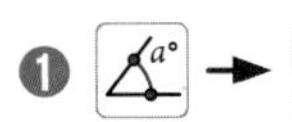 → 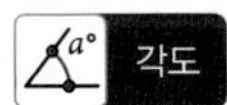

→ 각을 이루는 세 점을 **시계방향 순서**로 클릭하여 엇각 위치에 있는 두 각의 크기를 비교합니다.

❷ 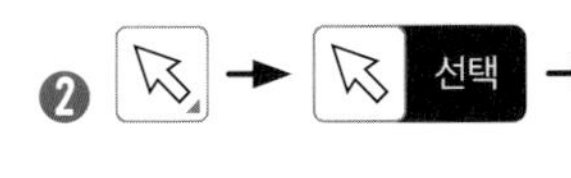

→ 교점이 아닌 점들(점 A, 점 B, 점 C, 점 D) 중 하나를 클릭한 상태로 마우스를 움직여 엇각이 같아질 때, 두 직선의 관계를 확인합니다.

3단계

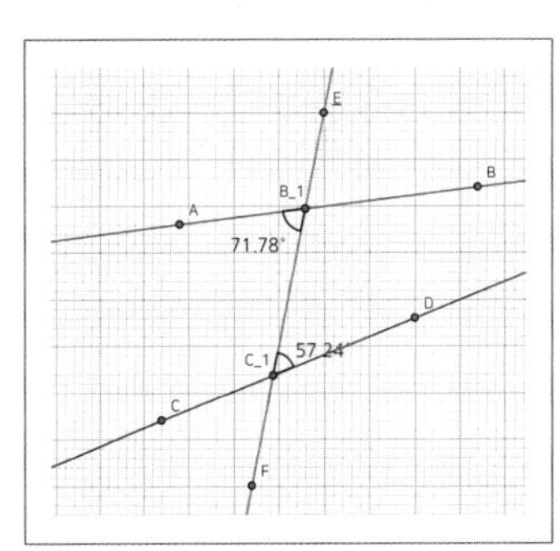

잠깐!

두 직선이 평행한지 확인하고 싶을 때는 두 직선과 동시에 만나는 한 직선을 긋고, 이때 생기는 동위각 또는 엇각의 크기가 서로 같은지 확인하면 된답니다.

그리고 동위각과 엇각은 딱! 한 쌍이 아닌, 여러 쌍을 만들 수 있어요. 알지오매스에서 여러 가지 동위각과 엇각의 크기를 각각 측정해서 비교해 보세요.

4단계 착시 그림 위에 두 직선 그리기

❶ 도안을 준비합니다. **(오른쪽 참고)**

❷ 도안에 그려진 선분이 벽화의 가로 선과 일치하는지 확인합니다.

❸ → 선택 → 벽화 그림을 클릭하면 나타나는 팝업 창에서 숨기기( )를 선택하여 그림을 숨깁니다.

※ 두 직선만 살펴보기 위해서 배경 그림을 숨겨요.

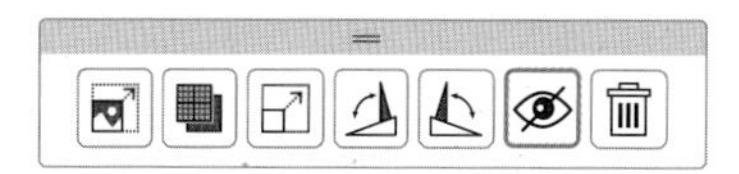

잠깐!

화면 왼쪽의 대수 창($f(x)$)에서 그림을 다시 보이게 할 수도 있어요.

생성순 종류순

A: 이미지 *http://www.algeomath.kr/...*

D: (−8, 0) 점

E: (4, 0) 점

B: (−8, 2.50) 점

동그라미를 클릭하세요.

4단계

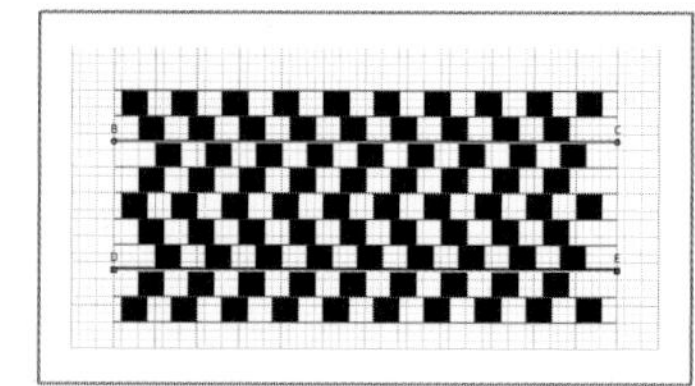

도안 준비

모바일 QR코드 찍기
PC 모둠에서 열기

5단계 착시 그림에서 동위각의 크기 확인하기

❶ → 직선 → 두 점을 찍어 **<4단계>**의 두 직선과 만나는 직선을 그립니다.

❷ → 교점 → 만나는 두 직선을 차례로 선택하여 교점을 각각 찍어 줍니다.

❸ → 각도 → 각을 이루는 세 점을 **시계방향 순서**로 클릭하여 동위각 위치에 있는 두 각의 크기를 비교합니다. **※ 같은지 확인해 봅시다.**

❹ 화면 왼쪽의 대수 창에서 이미지를 나타내는 동그라미를 찾아 선택하여 그림이 보이도록 설정합니다.

※ 모바일로 진행 중이라면, 화면 하단에서 $f(x)$ 를 선택하면 대수 창을 볼 수 있어요.

5단계

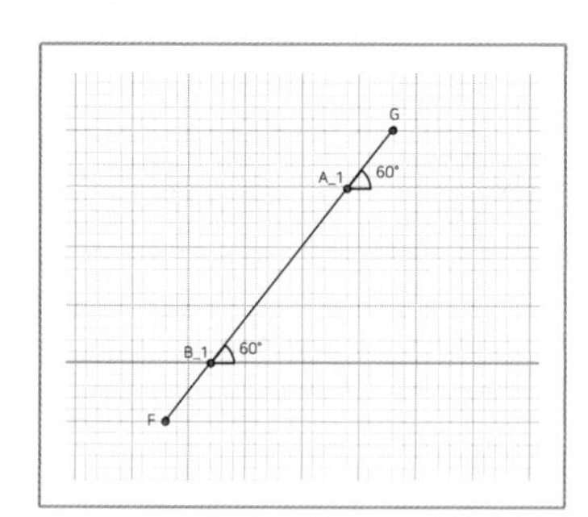

❺ 다시 나타난 착시 그림 위에서 동위각의 크기를 확인합니다.

동위각의 크기가
같은 걸 보니,
카페 벽화의 가로 선들은
정말로 평행한가 봐!

잠깐!

알지오매스에서는 계속 화면을 축소해서 두 직선이 만나는지 확인하거나, 하나의 직선을 움직여서 다른 직선과 겹치는지 확인하면 두 직선이 평행한지 쉽게 확인할 수 있어요.
하지만 생활 속에서나 책에서는 이렇게 해 볼 수 없기 때문에, 동위각과 엇각의 크기를 확인하는 방법을 사용한답니다.

6단계 착시 그림에서 엇각의 크기 확인하기

❶ → 선택 → 벽화 그림을 클릭하면 나타나는 팝업 창에서 숨기기( )를 선택하여 그림을 숨깁니다.

❷ → 각도 → 각을 이루는 세 점을 **시계방향 순서**로 클릭하여 엇각 위치에 있는 두 각의 크기가 같은지 확인합니다.

❸ 화면 왼쪽의 대수 창에서 이미지를 나타내는 동그라미를 찾아 클릭하여 그림이 보이도록 설정합니다.

A: 이미지
http://www.algeomath.kr/...

❹ 다시 나타난 착시 그림 위에서 엇각의 크기를 확인합니다.

6단계

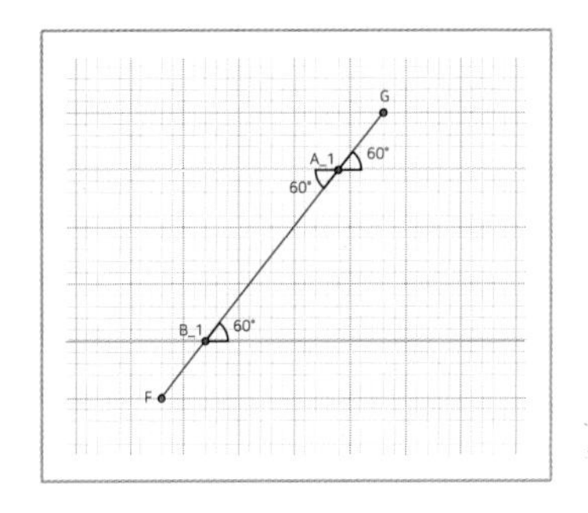
G
A_1
60°
60°
B_1
60°
F

엇각의 크기도 같네?
카페 벽화의 가로 선들이
평행하다는 작가의 말은
사실이었어!!!

돋보기 신기한 평행선 착시! 왜 이런 걸까요?

CAFE

미술관 카페의 벽화와 같은 그림을 '카페월(cafe wall) 착시'라고 합니다. 카페월 착시는 영국의 한 카페 주인이 홍보를 위해 담벼락 공사를 맡겼고, 처음에는 공사를 잘못한 것으로 오해했지만, 실제로는 평행이라는 것이 알려지며 유명해졌다고 합니다. 이 착시는 뇌가 빛을 처리하는 과정에서 사각형과 평행선의 대비를 쐐기 모양으로 해석하기 때문에 일어난다고 합니다.
눈으로 보면서도 믿기 힘든 신기한 현상이죠?

아직도 의심스러운
친구들은 다른 위치의
동위각과 엇각도
확인해 봐!

알지오 수학 탐정단

사건번호 | 2-5

오늘은 카페 벽화 소송 사건을 해결했다.
이번 사건의 가장 큰 실마리는 바로, 동위각과 엇각이었다.

동위각

① 두 직선이 다른 한 직선과 만나서 이루는 여러 개의 각 중에서 같은 쪽에 있는 두 각을 동위각이라고 한다.

② 두 직선이 평행하면 동위각의 크기는 같다.

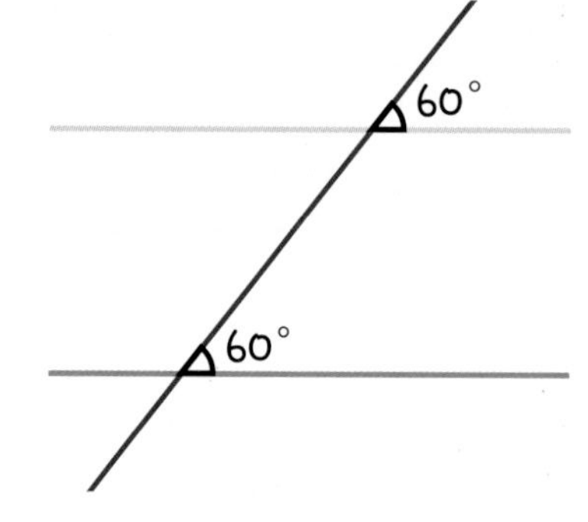

엇각

① 두 직선이 다른 한 직선과 만나서 이루는 여러 개의 각 중에서 다른 쪽에 있는 두 각을 엇각이라고 한다.

② 두 직선이 평행하면 엇각의 크기는 같다.

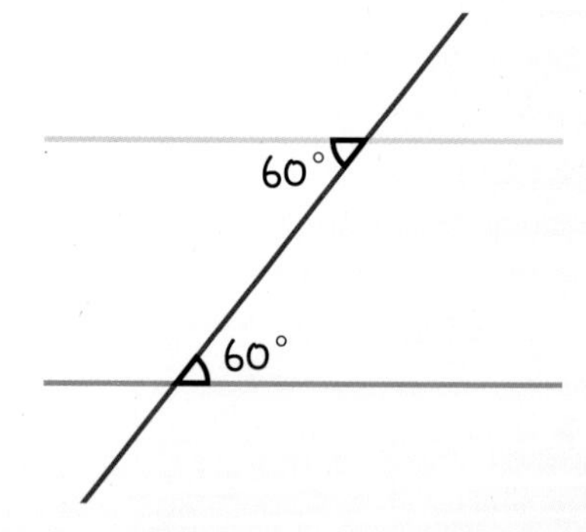

사건 총평

보이는 대로 믿기보다는 알지오매스로 한 번 더 확인하는 습관을 길러야겠다.
눈에 보이는 것이 전부는 아니다!

의뢰인의 편지

체르너 착시와 헤링 착시의 비밀을 풀어 볼까요?

알지오 탐정단 여러분! 저는 이번 사건 속 카페 사장입니다. 탐정님들이 우리 카페 벽의 착시 그림이 평행선이라는 것을 증명해 주셔서, 입소문을 타고 손님들이 아주 많이 몰려들고 있어요. 덧붙여 좋은 소식을 전합니다. 인기에 힘입어 드디어 카페 2호점을 내게 되었답니다!

2호점에도 1호점처럼 평행선을 이용한 착시 그림을 그려 홍보해 보려고 하는데요, 이번에도 탐정단 여러분이 착시 그림의 비밀을 풀어 주셨으면 해요. 탐정단 여러분, 부탁해요!

아래 그림의 빨간 선들은 과연 평행할까요?
동위각과 엇각을 이용하여 아래 그림의 빨간 선들이
서로 평행한지 확인해 주세요.

체르너 착시

빨간 평행선이 까만 선들의
영향을 받아 삐뚤게 보이는 현상

QR코드를 찍거나 모둠에 접속
하여 그림을 볼 수 있어요.

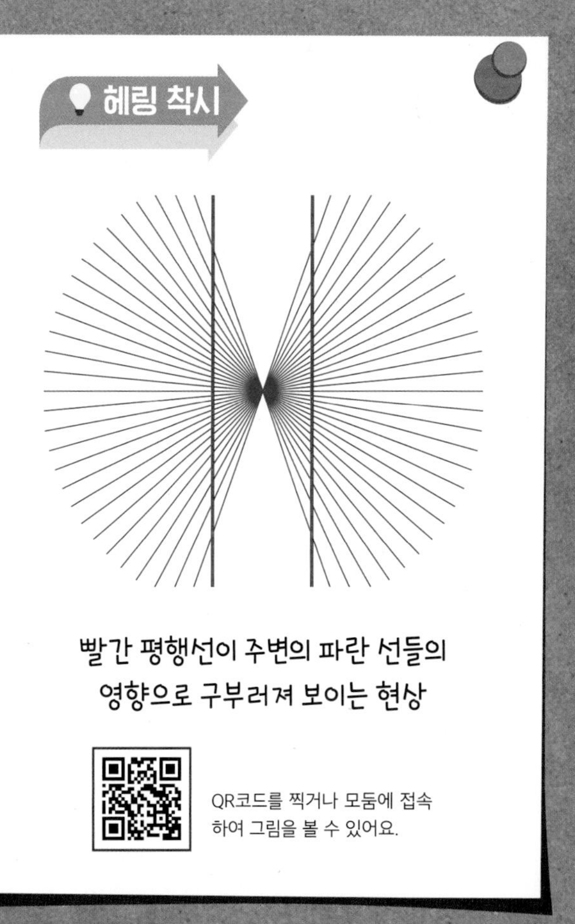

헤링 착시

빨간 평행선이 주변의 파란 선들의
영향으로 구부러져 보이는 현상

QR코드를 찍거나 모둠에 접속
하여 그림을 볼 수 있어요.

단 원	6학년 2학기 / 비례식과 비례배분
개 념	비, 비율, 황금비
난이도	★★★★☆

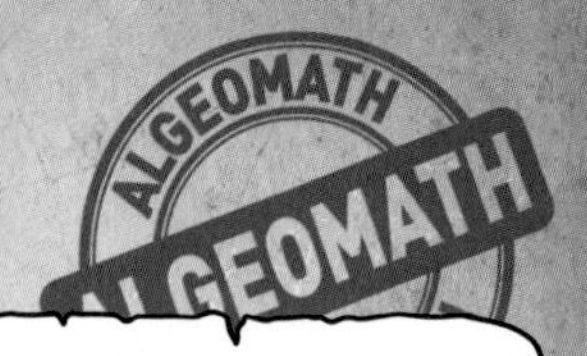

불에 타 버린 미로

사건번호 2-6

단서

수집하기

현장 단서

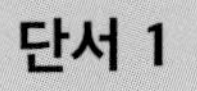

단서 1 흔적이 소용돌이 같기도 하고, 앵무 조개 같기도 하다.

미로는 나선 모양일 것이다.

단서 2 이 세상에서 가장 아름다운 비를 가진 미로!

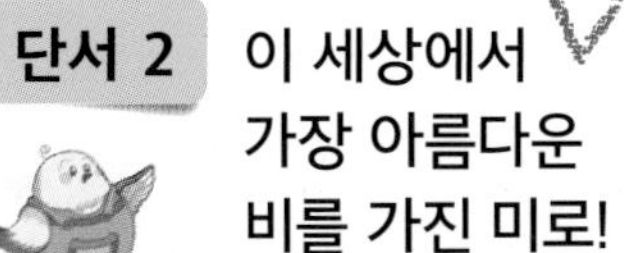

황금비를 가진 미로일 것이다.

수학 단서

두 수를 나눗셈으로 비교할 때 기호 :을 사용하여 나타내는 것을 **비**라고 한다.

전항 → 3 : 4 ← 후항

3: 비교하는 양, 4: 기준량

기준량에 대한 비교하는 양의 크기를 나타낸 수가 **비율**이다.

비의 전항과 후항에 0이 아닌 같은 수를 곱하거나 나누어도 비율은 같다.

3 : 4 의 비율 ⟶ $\frac{3}{4}$

(×2 ↓ ↑ ÷2, ÷2 ↑ ↓ ×2)

6 : 8 의 비율 ⟶ $\frac{6}{8}=\frac{3}{4}$

알지오매스 단서

임무 수행	도구 선택
호 그리기	→ 호 원의 중심과 호의 양 끝점을 차례로 선택하여 호 그리기
교점 찍기	→ 교점 두 직선을 선택하여 만나는 점(교점) 찍기
중점 찍기	→ 중점 선분(또는 선분의 양 끝점)을 선택하여 중간 지점(중점)에 점 찍기
정사각형 그리기	→ 정다각형 : 한 변 두 점을 찍어 한 변을 정하고, 4를 입력하여 정사각형 그리기

1단계 한 변의 길이가 10인 정사각형 그리기

❶ 화면 오른쪽 위 환경설정( )에서 그리드 보기 설정을 끕니다.

❷ → 주어진 길이의 선분 → 화면에 점을 찍으면 나타나는 팝업 창에 10을 입력하여, 길이가 10인 선분 AB를 그립니다.

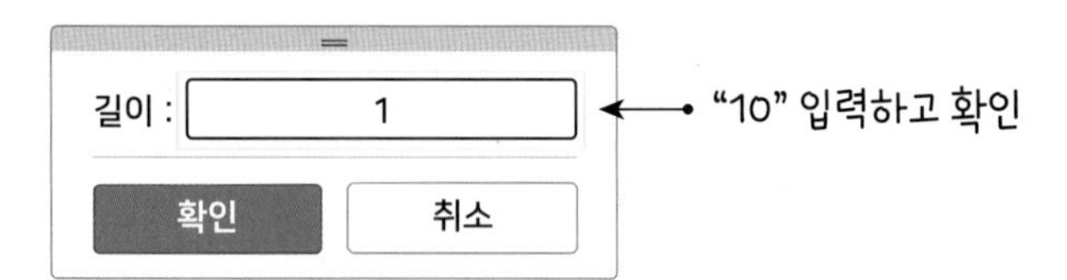

❸ → 정다각형 : 한 변 → ❷에서 그린 선분의 양 끝점 A, B를 차례로 클릭한 후, 나타나는 팝업 창에 4를 입력하여 정사각형을 만듭니다.

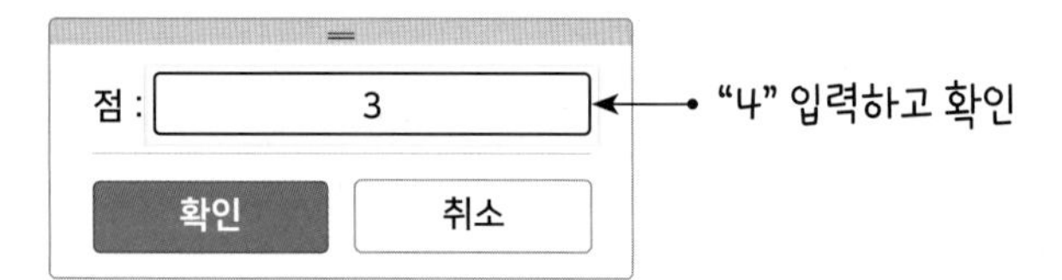

❹ → 선택 → 점의 이름을 나타내는 글자 B_1, A, B, A_1을 클릭하면 나타나는 팝업 창에 차례로 A, B, C, D를 입력하여 꼭짓점의 이름을 바꿉니다.

❹

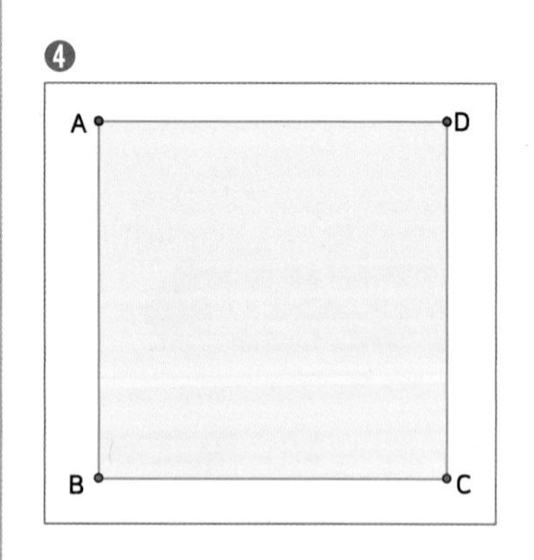

잠깐!

앞으로 황금나선 미로를 그릴 때 필요한 수학적 의사소통을 위해 꼭짓점의 이름을 교재와 맞춰요.

이제 정사각형 한 변의 중점과 원을 이용해서 황금사각형을 만들거야!

2단계 정사각형을 이용하여 황금사각형 그리기

❶ [•] → [•••| 중점] → 점 B와 점 C를 차례로 선택하여 선분 BC의 중점(점 E)을 찍습니다.
※ 중점은 선분의 길이를 이등분하는 점이에요.

❷ [a] → [선분] → 꼭짓점 D와 ❶에서 만들어진 점 E를 차례로 선택하여 선분 DE를 만듭니다.

❸ [⊙] → [원 : 중심과 한 점] → 중심이 될 점 E와 점 D를 순서대로 선택하여 선분 DE를 반지름으로 하는 원을 만듭니다.

❹ [/] → [반직선] → 점 A와 점 D를 순서대로 선택하여 반직선 AD를 만들고, 같은 방법으로 반직선 BC를 만듭니다.

❺ [•••] → [교점] → 반직선 BC와 원을 차례로 클릭하여 교점을 만듭니다.
※ 만들어진 교점의 이름을 F로 바꿔 주세요.

❻ [/] → [수선] → 점 F와 반직선 BC를 차례로 선택하여 점 F를 지나면서 반직선 BC에 수직인 직선을 만듭니다.

❼ [X] → [교점] → 반직선 AD와 ❻에서 그린 수선을 선택하여 교점을 만듭니다.
※ 만들어진 교점의 이름을 G로 바꿔 주세요.

❽ [⬠] → [다각형] → 점 A, B, F, G를 순서대로 선택하고 다시 한번 시작점 A를 선택하여 직사각형 ABFG를 만듭니다.

❾ [↖] → [선택] → 직사각형 ABFG와 점 C, 점 D만 남기고 나머지 도형을 모두 감춥니다.
※ 도형을 선택하면 나타나는 팝업 창에서 숨기기 버튼(👁)을 클릭합니다.

❿ [cm] → [길이] → 직사각형 ABFG의 가로와 세로를 측정하여 아래 빈칸을 채워 봅니다.

가로 :(   ), 세로 :(   )

정답: 가로 16.18, 세로 10

2단계

❸

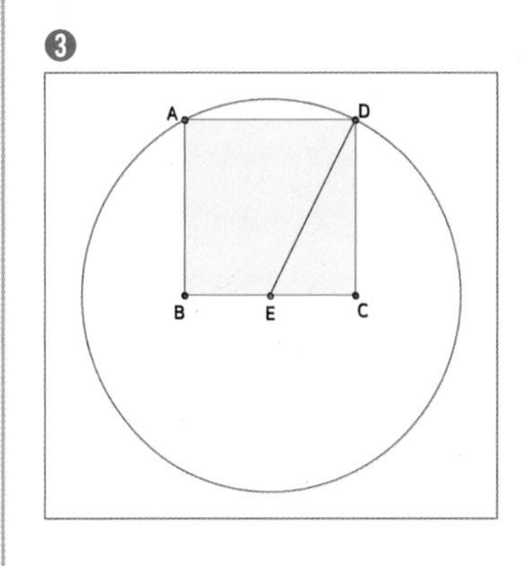

❼

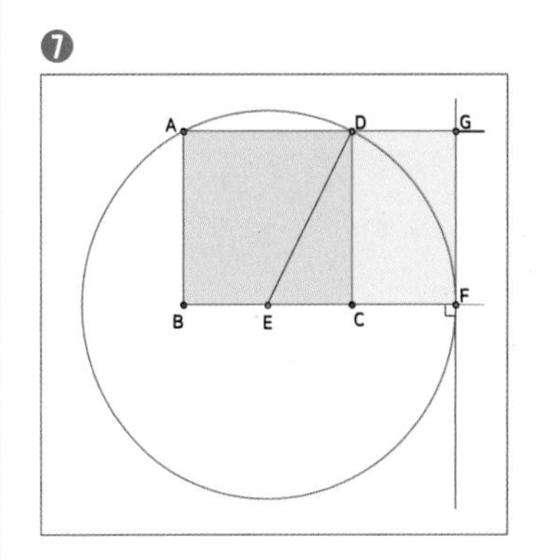

다른 도형 뒤에 있어서
선택하기 어려운 점이나 선분을
숨기려면, 대수 창($f(x)$)에서
숨기고 싶은 도형을 나타내는
파란색 동그라미(●)를 찾아
클릭하여 회색(●)으로
바꾸면 돼!
교재 68쪽을 참고하라구~

❾

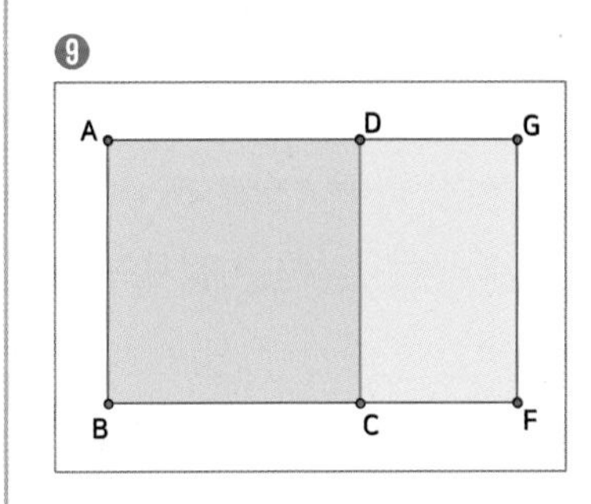

⑪ ⑩에서 측정한 가로와 세로의 비가 1.618 : 1과 비율이 같은지 확인합니다.

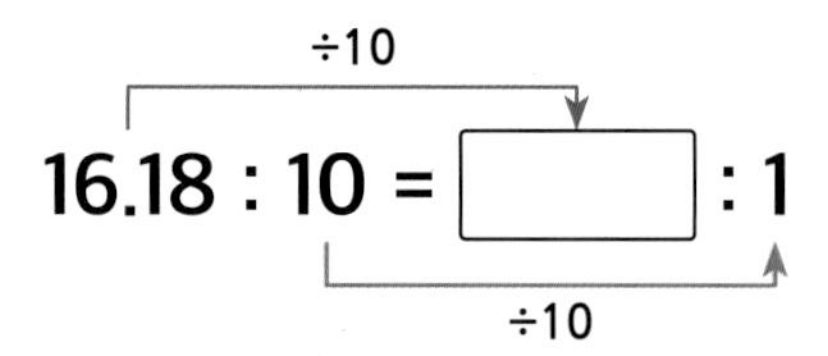

정답: 1.618

돋보기 황금비, 황금사각형이 무엇인가요?

황금비란 '인간이 생각하는 가장 아름다운 비'로 그 비는 1.618 : 1입니다. 그리고 가로와 세로가 황금비인 직사각형을 황금사각형이라 합니다.

<2단계>에서 만든 직사각형의 가로(선분 BF)와 세로(선분 AB)의 비는 1.618 : 1(=16.18 : 10)로 황금사각형입니다.

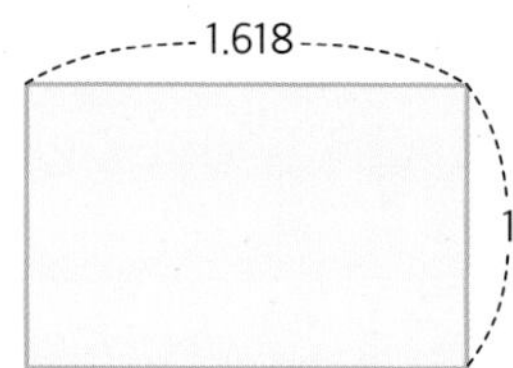

3단계 황금사각형 안에 정사각형 6개 그리기

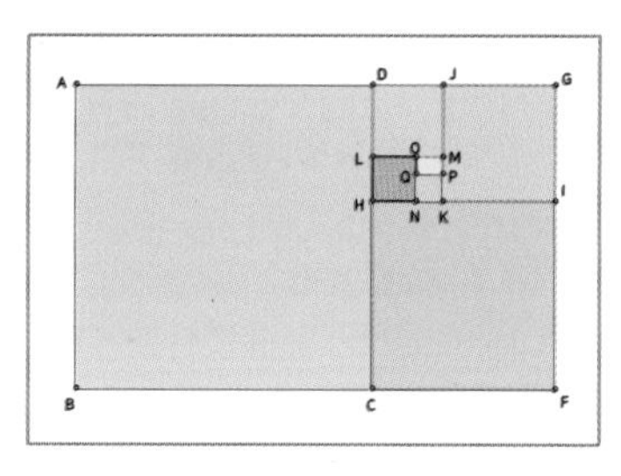

❶ → 정다각형 : 한 변 → 점 C와 점 F를 순서대로 선택하면 나타나는 팝업 창에 4를 입력하여 선분 CF를 한 변으로 하는 정사각형을 만듭니다.

※ 사각형 CFIH가 되도록 꼭짓점 이름을 오른쪽 그림과 같이 바꿔 주세요.

"사각형 CFIH가 되도록"이라는 말이 무슨 뜻이야?

❷ → 정다각형 : 한 변 → 점 I와 점 G를 순서대로 선택하면 나타나는 팝업 창에 4를 입력하여 선분 IG를 한 변으로 하는 정사각형을 만듭니다.

※ 사각형 IGJK가 되도록 꼭짓점 이름을 오른쪽 그림과 같이 바꿔 주세요.

사각형의 이름은 각 꼭짓점의 이름을 한 방향(↻ 또는 ↺)으로 차례로 읽어야 돼! 그래서 사각형 CFIH가 되려면 이렇게 되어야 하는 거지.

❸ 같은 방법으로 선분 JD를 한 변으로 하는 정사각형 JDLM을 만들고, 선분 LH를 한 변으로 하는 정사각형 LHNO와 선분 NK를 한 변으로 하는 정사각형 NKPQ도 만듭니다.

잠깐!

황금사각형 안에 총 6개의 정사각형을 만들었나요? 더 만들고 싶은 친구들은 화면을 확대하면서, 안에 계속해서 더 만들어 보세요.

4단계 황금나선 완성하기

❶ → 호 → 중심이 될 점 D를 먼저 선택하고, 호로 연결할 점 A와 C를 순서대로 클릭하여 호 AC를 만듭니다.

❷ → 호 → 중심이 될 점 H를 먼저 선택하고, 호로 연결할 점 C와 I를 순서대로 클릭하여 호 CI를 만듭니다.

❸ → 호 → 중심이 될 점 K를 먼저 선택하고, 호로 연결할 점 I와 J를 순서대로 클릭하여 호 IJ를 만듭니다.

❹ 같은 방법으로 중심이 될 점과 호의 양 끝점(반시계 방향으로)을 선택하여 <3단계>에서 그린 정사각형의 한 변을 반지름으로 하는 호를 모두 그립니다. 이렇게 그려진 도형을 **황금나선**이라고 합니다.

돋보기 '호'가 무엇인가요?

원 위의 두 점 사이의 곡선 부분을 '호'라고 합니다.

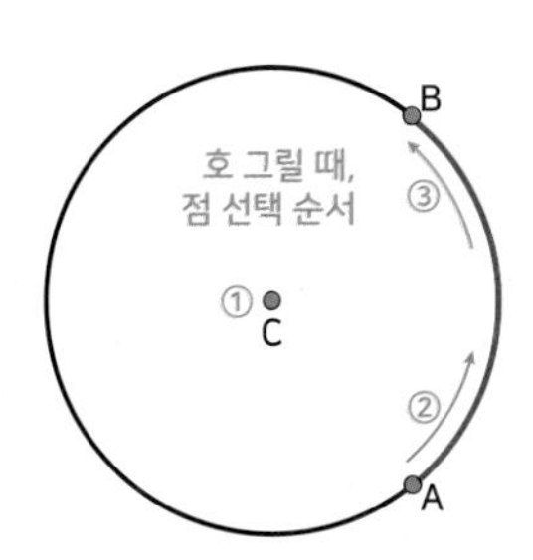

원 위의 두 점은 원을 두 개의 호로 나누게 되고, 알지오매스에서는 점을 선택하는 순서에 따라 둘 중 하나의 호를 그리게 됩니다.
빨간색 곡선인 호 AB를 그릴 때는 점 C→점 A→점 B(반시계 방향)의 순서로 선택합니다.

잠깐!

깔끔하게 황금나선만 보고 싶다면, 사각형과 점들을 모두 선택하여 숨기기( ) 버튼을 눌러 숨겨 주세요. 곡선만 남겨 두고, 모두 숨기면 되겠죠?

4단계

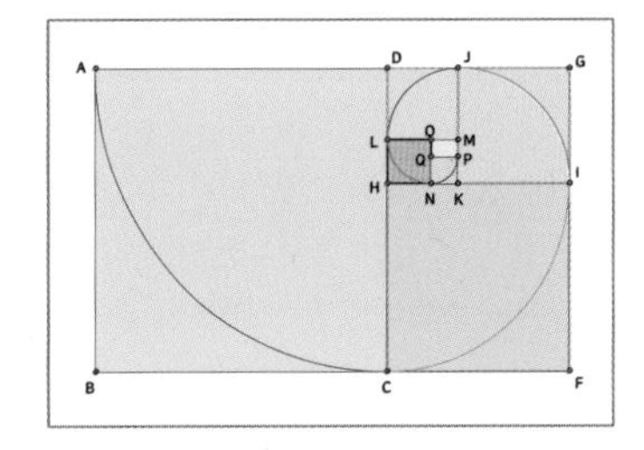

그림이 너무 지저분해졌어! 알파벳들도 겹쳐있고... ㅠㅠ

겹쳐지는 알파벳들을 클릭한 채로 각각의 점 옆으로 적절히 옮겨 정리하면서 해 봐. 한결 보기 편해질거야~

휴우….
이제 이 황금나선 그림을 가지고 미로를 복구하면 되겠다! 오늘도 사건 해결!

사건번호 | 2-6

오늘은 불에 타 버린 나선 모양 미로의 원래 모습을 알아냈다.
이번 사건의 가장 큰 실마리는 바로 비의 성질과 황금비였다.

비

① 두 수를 나눗셈으로 비교할 때 기호 :을 사용해 나타낸 것

② 비의 전항과 후항에 0이 아닌 같은 수를 곱하거나 나누어도 비율은 변하지 않는다.

$$16.18 : 10 = 1.618 : 1$$

(전항 ÷10, 후항 ÷10)

황금비와 황금비를 가진 도형

황금비란 인간이 생각하는 가장 아름다운 비로 1.618 : 1이다.

정오각형

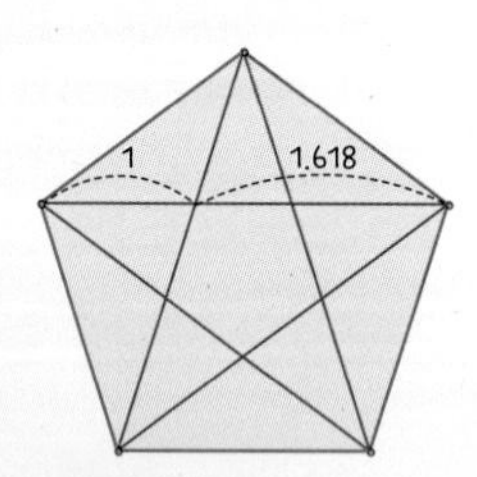

황금사각형

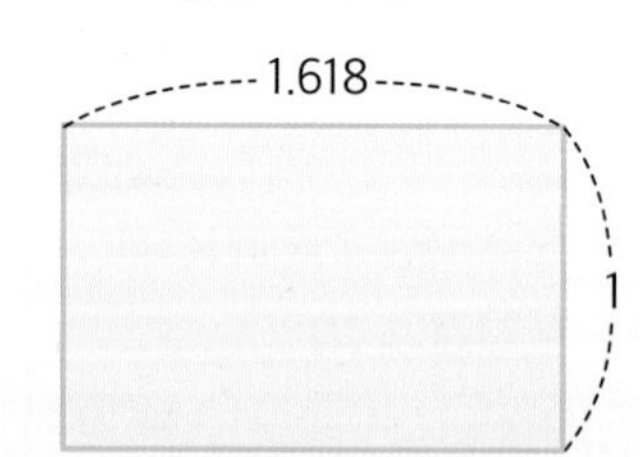

황금나선

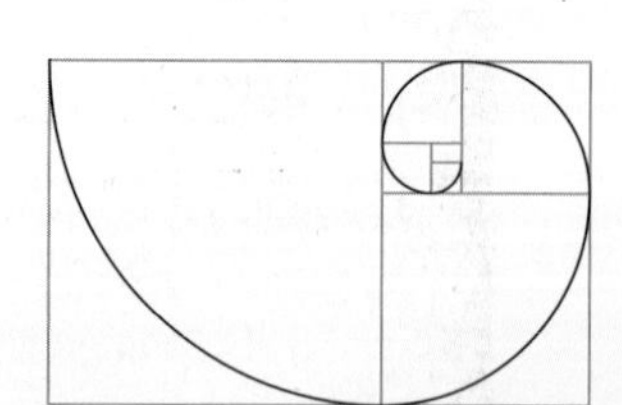

사건 총평

황금비만 알고 있으면 알지오매스에서 언제든 황금나선 미로를 그려볼 수 있겠군.
1.618 !!! 이 숫자를 기억해 두어야지.

의뢰인의 편지

가로와 세로의 비가 1:1.618인 황금나선 미로를 만들어 주세요!

알지오 탐정단 여러분! 저는 불에 타 버린 놀이공원의 사장입니다. 여러분 덕분에 놀이공원을 문제없이 개장할 수 있게 되었어요! 여러분이 다시 만들어 준 이 황금나선 미로는 지금 놀이공원에서 인기 만점이랍니다! 황금나선 미로를 기다리는 줄이 너무 길어져 **황금나선 미로를 하나 더** 만들려고 하는데 도와주실 수 있으신가요? 이번에는 색다르게 **가로와 세로의 비가 1 : 1.618이면** 좋겠어요! 세로가 더 길도록 말이에요.

가로와 세로의 비가 1 : 1.618인 미로를 만들어 주세요!

미로 만드는 법

① 가로와 세로를 먼저 정합니다. (계산기 사용)

1 : 1.618 = ☐ : ☐ (가로 : 세로)

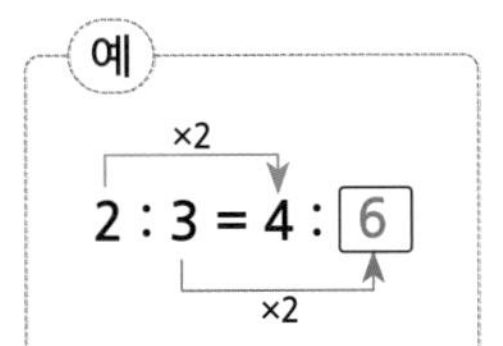

비의 전항과 후항에 0이 아닌 같은 수를 곱해도 비율은 같다고 배웠던 것 기억하나요?
가로와 세로를 정할 때에는 황금비의 전항과 후항에 꼭! 같은 수를 곱해야 합니다.

② ①에서 정한 가로와 세로에 맞게 황금사각형을 그립니다.
(사건 해결하기 <2단계> 참고)

③ 황금사각형 내부에 정사각형을 그립니다.
(사건 해결하기 <3단계> 참고)

④ 황금나선을 그립니다.
(사건 해결하기 <4단계> 참고)

우리 아리와 지오는
가로를 20으로 정하고
미로를 만들었더라고?
내가 슬쩍 보여 주지.

QR코드를 찍거나
모둠에 접속하여
그림을 볼 수 있어요.

단 원	5학년 2학기 / 합동과 대칭
개 념	선대칭도형
난이도	★★★☆☆

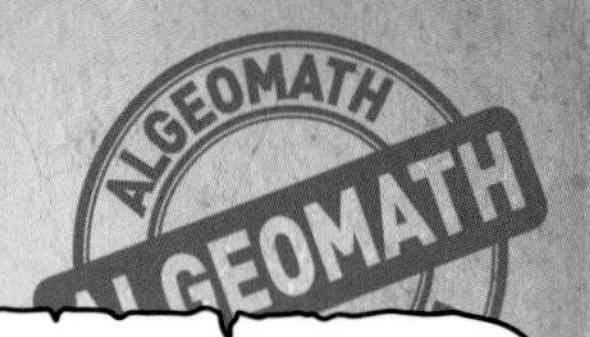

나비의 한쪽 날개 찾기

사건번호 2-7

단서

수집하기

현장 단서

단서 선대칭동 나비는 몸통을 축으로 접으면 양쪽 날개가 딱 맞게 겹쳐진다.

몸통을 축으로 하는 선대칭도형이다.

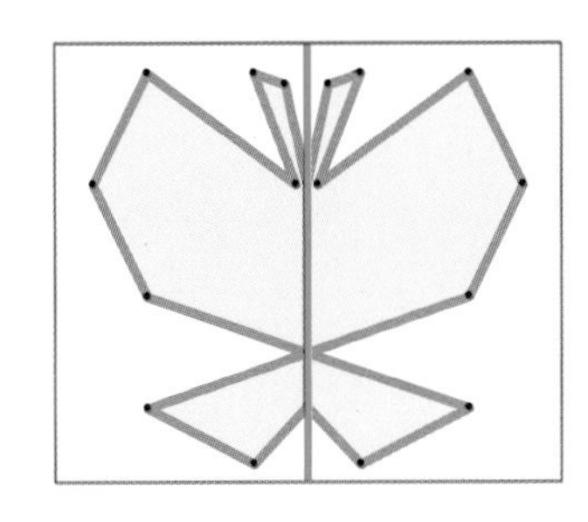

수학 단서

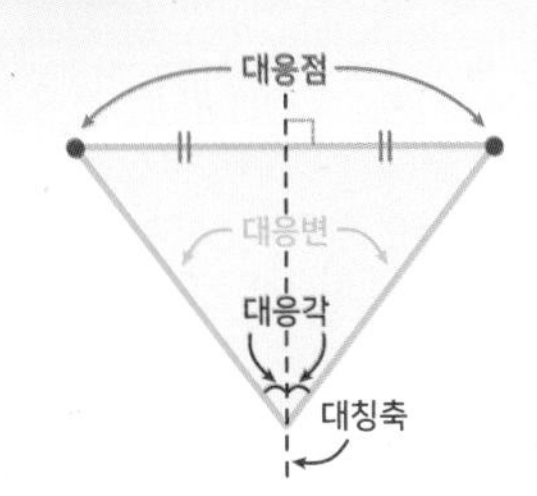

반으로 접으면

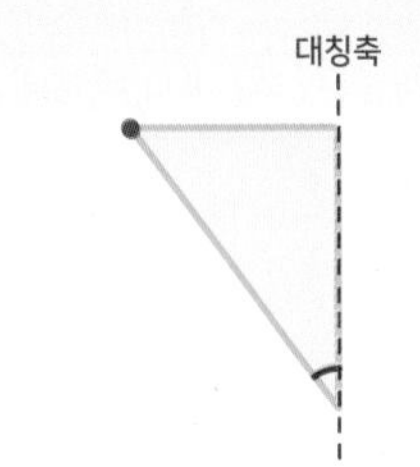

한 직선을 따라 접었을 때,
완전히 겹치는 도형은 **선대칭도형**이다.

이때 **접는 선이 되는 직선**을
대칭축이라고 한다.

알지오매스 단서

임무 수행	도구 선택
선대칭도형 만들기	→ 선대칭 도형과 접는 선을 선택하여 선대칭도형 그리기
교점 찍기	→ 교점 두 직선을 선택하여 만나는 점(교점) 찍기
선분의 길이 측정	→ 길이 선분의 양 끝점을 선택하여 길이 측정하기
각의 크기 측정	→ 각도 각을 이루는 세 점을 차례로 선택하여 각도 측정하기
모양 변형하기	→ 선택 한 점을 선택한 상태로 자유롭게 움직이기

도안 준비
모바일 QR코드 찍기
PC 모둠에서 열기

1단계 선대칭도형인 나비의 한쪽 날개 만들기

❶ 도안을 준비합니다. (오른쪽 참고)

❷ [cm] → [선대칭] → 나비 그림을 선택한 후, 대칭축(나비 몸통 부분)을 선택합니다.

잠깐!

나비 그림을 클릭할 때는 넓은 면을 클릭해야 해요. 점이나 선을 클릭하지 않도록 주의하세요! 선대칭도형에서의 대칭축은 데칼코마니처럼 접어서 양쪽이 완벽하게 겹쳐지도록 하는 접는 선이라고 생각하면 된답니다.

1단계

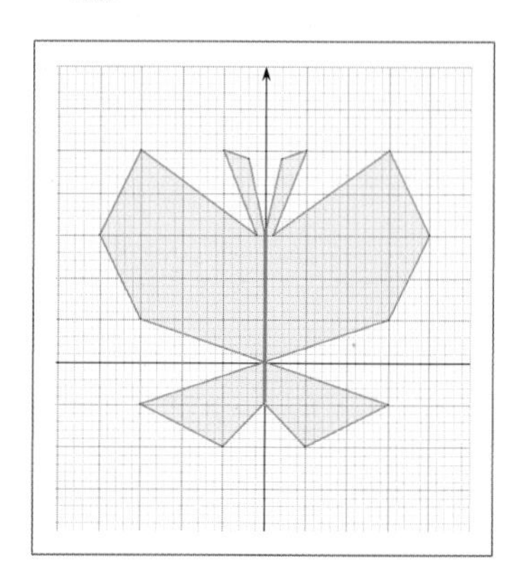

2단계 대응변의 길이와 대응각의 크기 확인하기

❶ 대응변의 길이 비교하기

[선대칭] → [길이] → 서로 대응하는 두 변을 찾아 차례로 선택하여 나타나는 길이를 확인합니다.

※ 선분의 길이를 측정할 때는, 선분의 양 끝점을 선택하거나 그냥 선을 선택하면 돼요!

❷ 대응각의 크기 비교하기

[cm] → [각도] → 대응각을 이루는 두 각을 찾아 각의 크기를 차례로 확인합니다.

※ 각을 중심으로 시계방향 순서로 각을 이루는 세 점을 선택합니다(55쪽 참고).

2단계

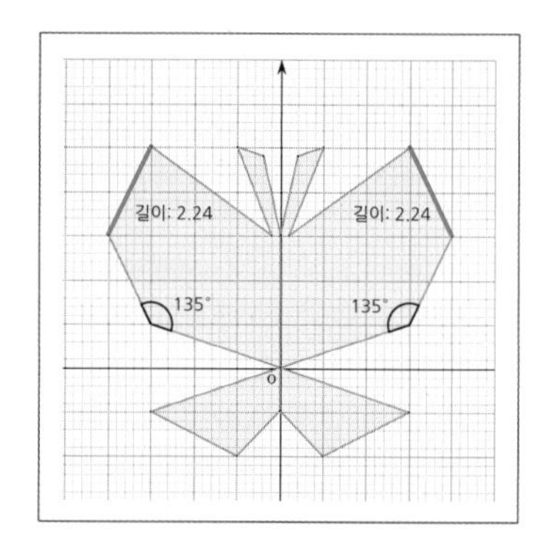

3단계 대칭축의 두 가지 성질 확인하기

❶ 대응점끼리 이은 선분이 대칭축과 수직으로 만나는지 확인하기

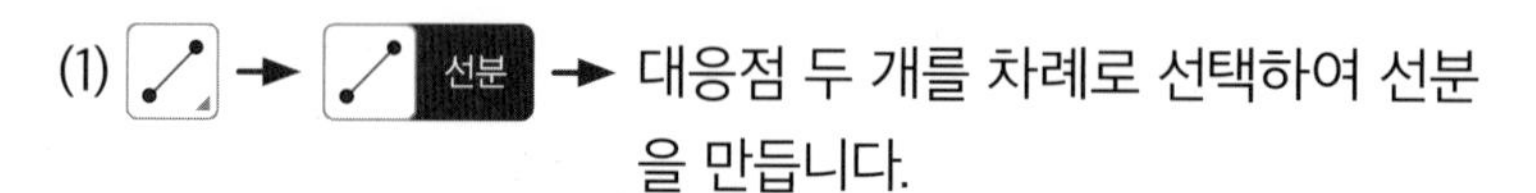

(1) [선분] → [선분] → 대응점 두 개를 차례로 선택하여 선분을 만듭니다.

(2) [점] → [교점] → (1)에서 만든 선분과 대칭축을 차례로 선택하여 교점을 만듭니다.

3단계

❶

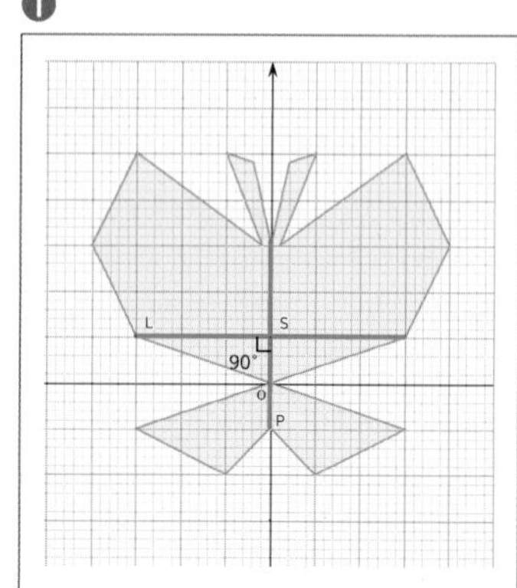

(3) → 각도 → (1)에서 만든 선분과 대칭축이 이루는 각 LSP의 크기를 확인합니다.

❷ **대응점끼리 이은 선분을 대칭축이 이등분하는지 확인하기**

(1) → 선분 → 대응점과 대칭축을 잇는 선분 2개를 만듭니다.

※ **<3단계>에서 만든 교점과 대응점을 차례로 선택하면 되겠죠?**

(2) → 길이 → (1)에서 만든 선분 2개를 차례로 선택하여 선분의 길이를 확인합니다.

❷

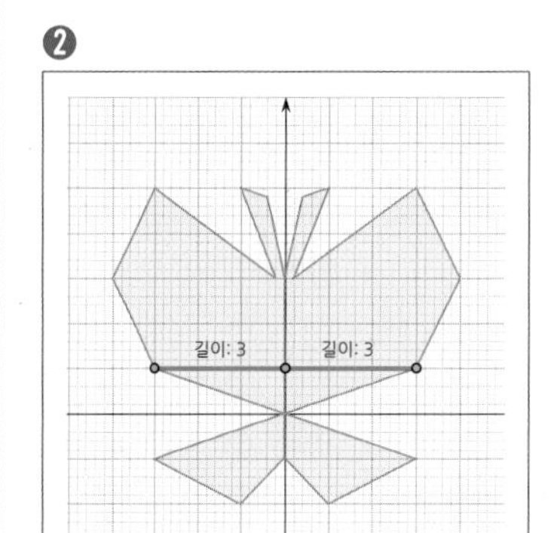

4단계 다양한 모양의 나비 가족 만들기

❶ → 선택 → 나비의 모양을 이루는 도형의 꼭짓점 (대칭축의 왼쪽에서 원하는 점) 한 개를 클릭한 상태로, 자유롭게 마우스를 움직이며 나비 모양을 변형해 봅니다.

❷ **<2단계>**에서 표시해 두었던 대응변의 길이와 대응각의 크기가 여전히 서로 같은지 확인합니다.

❸ **<3단계>**에서 표시해 두었던 대칭축과 대응점을 이은 선분 사이의 각도가 여전히 90°인지, 또 대칭축으로 쪼개진 두 선분의 길이가 여전히 같은지 확인합니다.

4단계

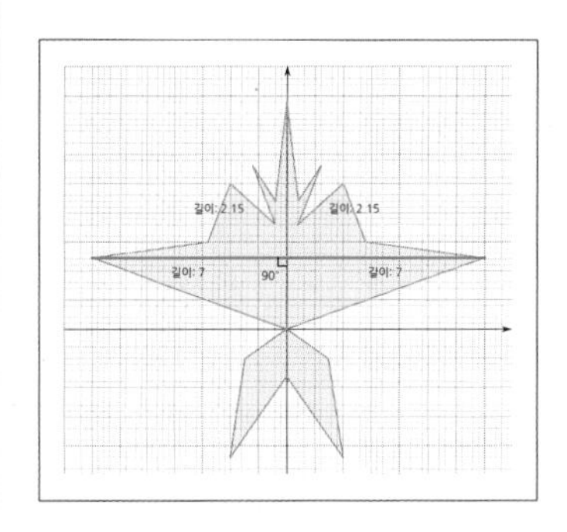

대칭축의 오른쪽에 있는 점은 아무리 잡고 움직여도 변형되지 않으니까, 꼭! 왼쪽 점을 선택해야 해!

잠깐!

선대칭도형에서 대칭축은 여러 방향의 선분(또는 직선)을 선택할 수 있어요. 아래 그림처럼 선택한 대칭축의 방향에 따라서 도형의 모양도 다양하게 완성된답니다.
도안에 대칭축이 될 선분을 다양하게 그린 후, 여러 가지 모양의 선대칭도형을 그려 보세요.

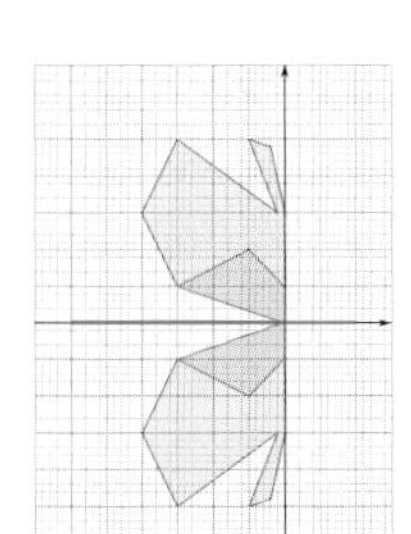

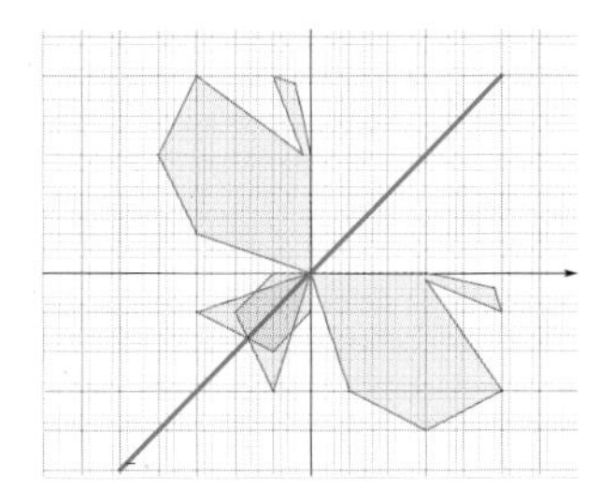

알지오 수학 탐정단

사건번호 | 2-7

오늘은 나비가 사고로 잃은 한쪽 날개를 찾아 주었다.
이번 사건의 가장 큰 실마리는 바로 선대칭도형이었다.

선대칭도형

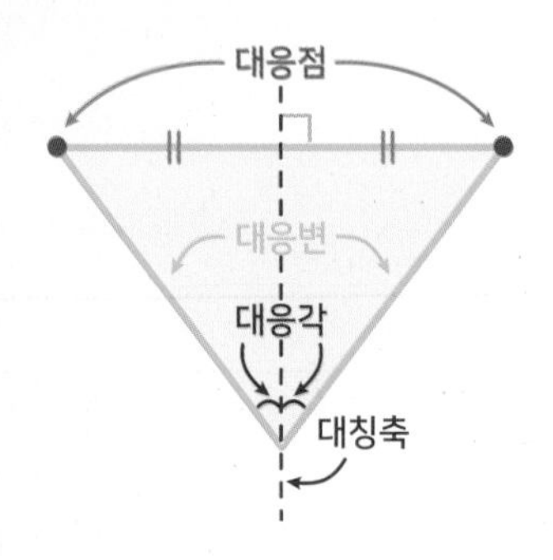

① 한 직선을 따라 접었을 때 완전히 겹치는 도형

② 대응변의 길이와 대응각의 크기는 각각 서로 같다.

③ 대응점은 대칭축으로부터 같은 거리에 있다.

④ 대응점을 연결한 선분은 대칭축과 수직으로 만난다.

* 선대칭도형에서 대응각, 대응변, 대응점은 여러 쌍이다.

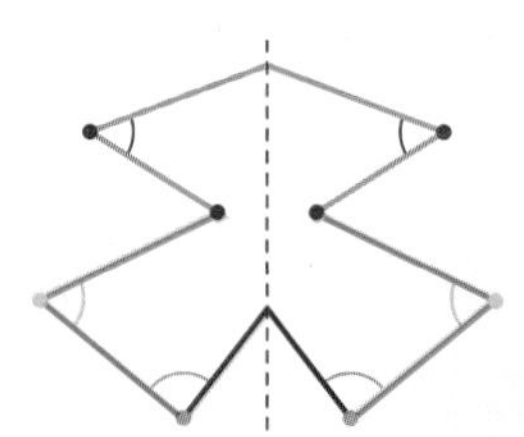

사건 총평

외로울 나비를 위해 알지오매스로 나비와 닮은 선대칭도형인 나비 가족 그림도 그려 주었다.
나비에게 작은 위로가 되었길!

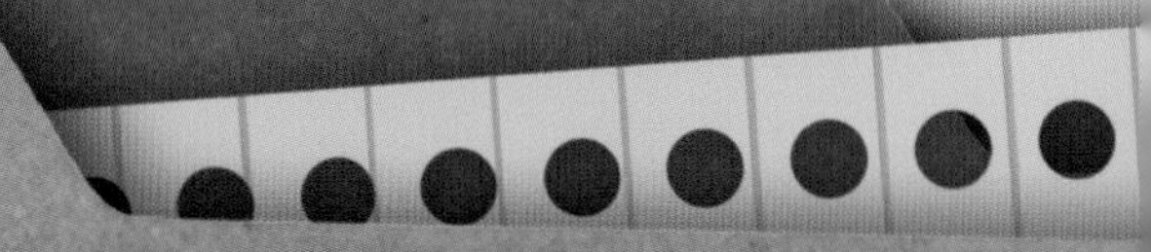

의뢰인의 편지

선대칭 위치에 있는 도형을 만들어 볼까요?

알지오 탐정단 여러분! 저는 선대칭동에 사는 나비예요. 저의 날개를 찾아 주신 탐정단 여러분들께 감사의 표시로 우리 동네에서 오랫동안 이어져 내려온 '거울 마법 주문'을 알려 드리려고 해요.

알지오매스에서 아래 방법대로 따라해 보세요. 무엇이든지 거울처럼 똑같이 복제하는 마법입니다. 대칭축을 기준으로 뒤집었을 때 합동이 되는 도형이 만들어지는 신기한 마법이죠. 선대칭도형과 성격이 아주 비슷해요. 이 두 도형을 서로 선대칭 위치에 있는 도형이라고 합니다.

탐정단 여러분이 원하는 도형을 맘껏 만든 후, 거울 마법 주문으로 복제해 보세요!

거울 마법 주문으로 아래 그림과 같이 선대칭 위치에 있는 도형을 만들어 보세요.

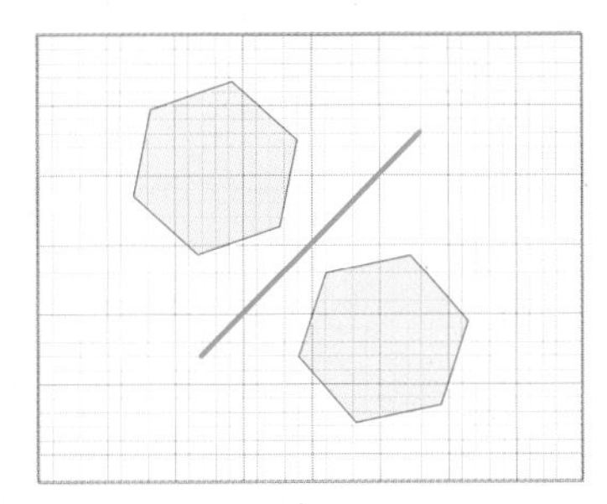

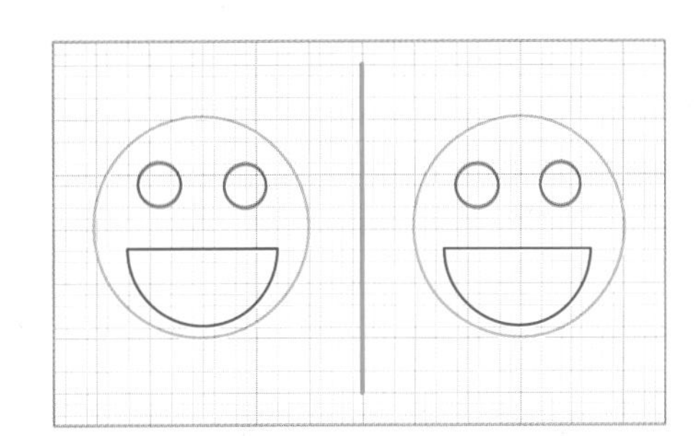

거울 마법 주문 거는 법

① 여러 가지 도구를 선택하여 원하는 모양을 만듭니다. (, 등)

② → 선분 선택 → 원하는 곳에 선분을 그려 대칭축을 만듭니다.

③ → 선대칭 선택 → ①에서 만든 모양을 클릭한 후,
②에서 만든 대칭축을 클릭합니다.

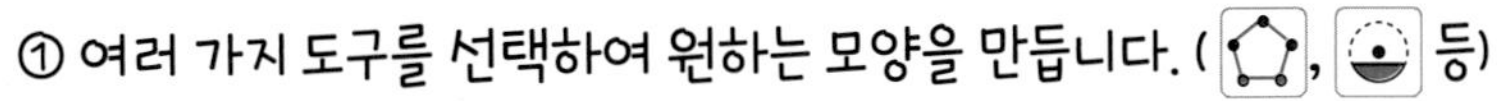

단 원	5학년 2학기 / 합동과 대칭
개 념	점대칭도형
난이도	★★★☆☆

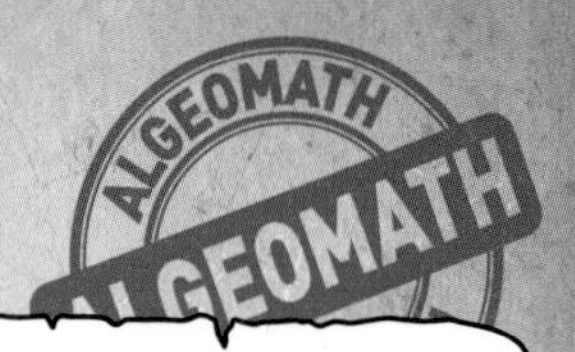

찌그러진 태극 문양

사건번호 2-8

단서

수집하기

현장 단서

단서 태극 문양의 파란 부분과 빨간 부분은 원의 중심을 기준으로 반바퀴 돌렸을 때, 서로 완벽하게 겹친다.

태극 문양은 점대칭도형이다.

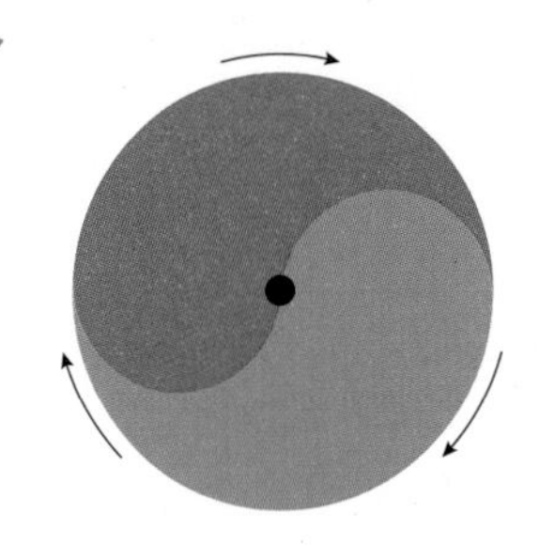

수학 단서

점대칭도형은 어떤 점을 중심으로 **180° 돌렸을 때, 처음 도형과 완전히 겹쳐지는 도형**이다.

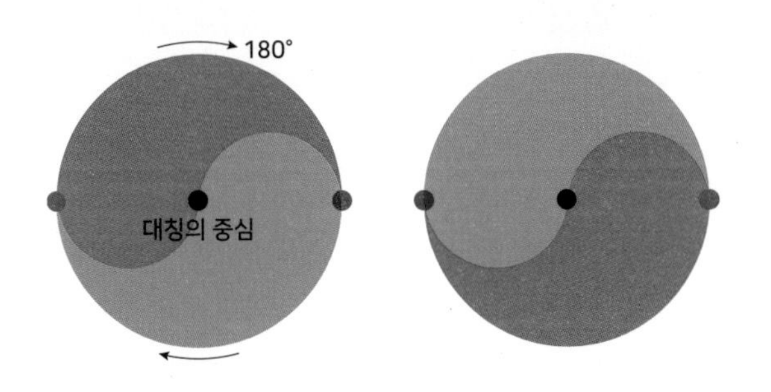

이때 **중심이 되는 점**을 **대칭의 중심**이라고 한다.

도형을 반바퀴 돌렸을 때
겹쳐지는 점은 **대응점**,
겹쳐지는 변은 **대응변**,
겹쳐지는 각은 **대응각**이 된다.

알지오매스 단서

임무 수행	도구 선택
호 그리기	→ 호 원의 중심과 호의 양 끝점을 차례로 찍어 호 그리기
점대칭도형 만들기	cm → 점대칭 도형과 점(대칭의 중심)을 차례로 선택하여 점대칭도형 그리기
회전하기	cm → 회전 회전할 도형과 기준점을 차례로 선택하여 회전하기
도형 여러 개를 동시에 선택하기	→ 그룹선택 함께 선택하고 싶은 도형들을 드래그하여 모두 선택하기

도안 준비

모바일 QR코드 찍기
PC 모둠에서 열기

1단계 작은 호 그리기

❶ 도안을 준비합니다. **(오른쪽 참고)**

❷ → 호 → 점 A_1 → 점 A → 점 B의 순서로 세 점을 선택하여 호를 그립니다. 이때 가장 먼저 찍는 점 A_1은 중심이 됩니다.

잠깐!

호를 그릴 때는 찍는 점 3개의 순서가 중요해요. 처음 찍는 점은 호가 속한 원의 중심을 정하는 것이고, 그 다음으로 찍는 두 점의 순서에 따라 호가 그려지는 방향이 바뀐답니다. (교재 77쪽을 참고하세요.)

1단계

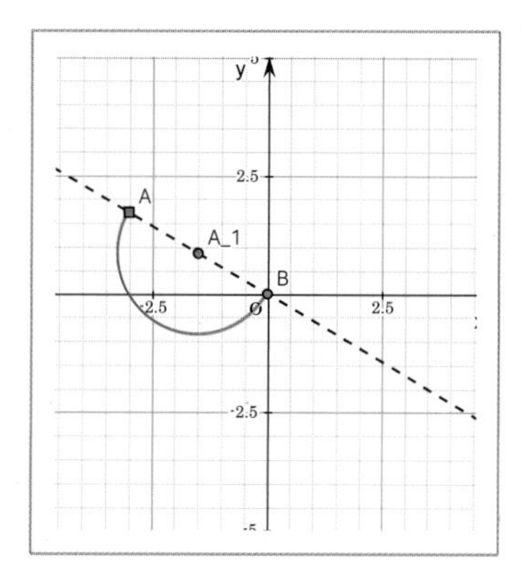

2단계 점대칭 이동하여 물결 만들기

❶ cm → 점대칭 → <1단계>에서 그린 호를 선택한 후, 점 B를 선택하여 점대칭 이동합니다.

※ 이때 점 B는 대칭의 중심이 됩니다.

2단계

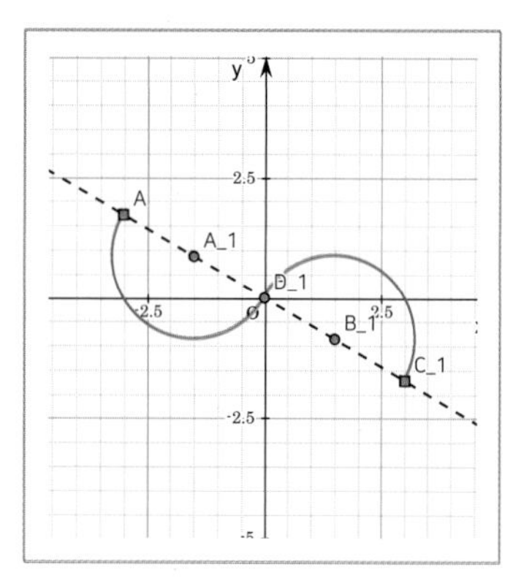

3단계 문양의 테두리 만들기

❶ → 호 → 중심이 될 점 D_1(또는 점 B)을 먼저 선택하고, 점 A와 점 C_1을 차례로 선택하여 호를 그립니다.

❷ → 점대칭 → ❶에서 그린 호를 선택한 후, 점 D_1(대칭의 중심)을 선택하여 점대칭 이동합니다.

잠깐!

태극 문양의 색이 빨강 또는 파랑이 아니라서 이상하다구요? 각 도형마다 필요한 색깔로 하나씩 변경하면서 진행해도 되지만, 태극 문양을 모두 그린 후 <4단계>에서 한꺼번에 색을 바꿔 줄게요.

3단계

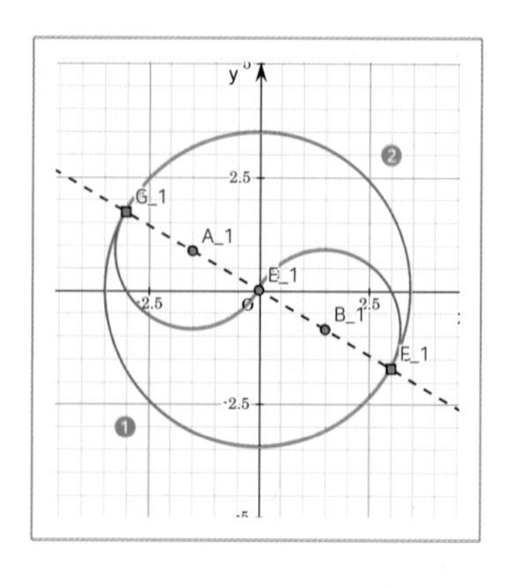

4단계 선의 색 바꾸고, 필요 없는 도형 숨기기

❶ [화살표] → [선택] (또는 Esc) → 호(곡선)을 클릭하면 나타나는 팝업 창에서 색상 버튼을 선택하여 오른쪽 그림처럼 태극 문양의 색을 바꿉니다.

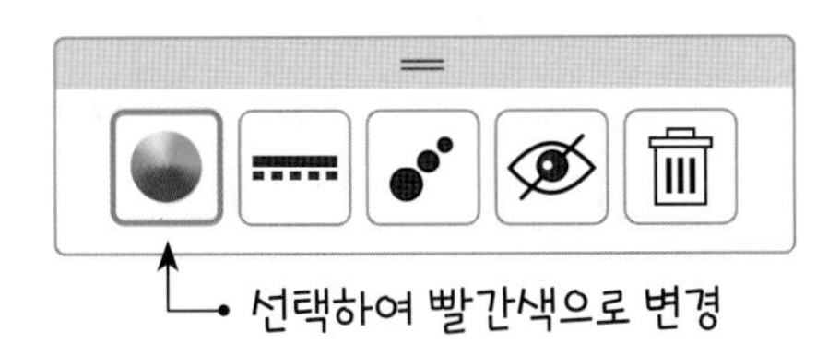

❷ 점 G_1을 클릭하면 나타나는 팝업 창에서 숨기기 버튼을 선택합니다.

※ 점 A, 점 A_1, 점 E_1, 점 B_1, 점 F_1, 점 C_1, 직선 CB도 숨겨요.

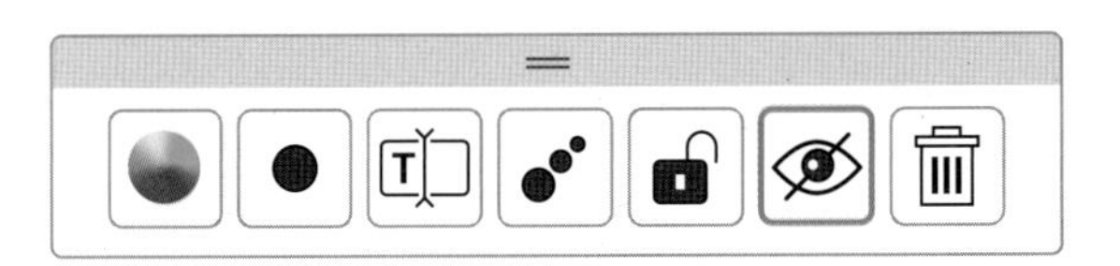

4단계

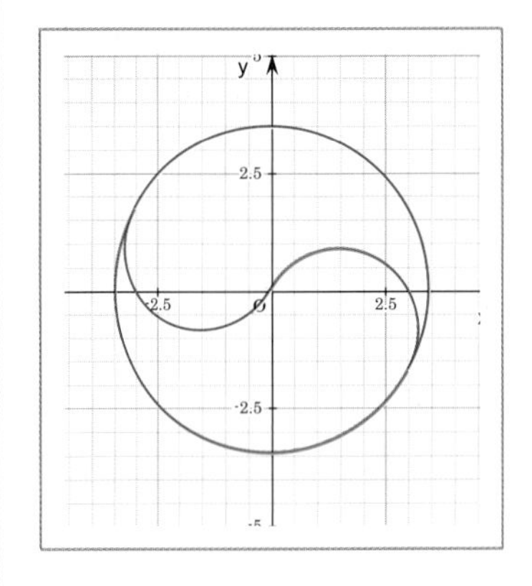

5단계 180° 회전해서 점대칭도형인지 확인하기

❶ [화살표] → [그룹선택] → 태극 문양 전체를 드래그하여 선택하면 나타나는 팝업 창에서 그룹 버튼을 선택합니다.

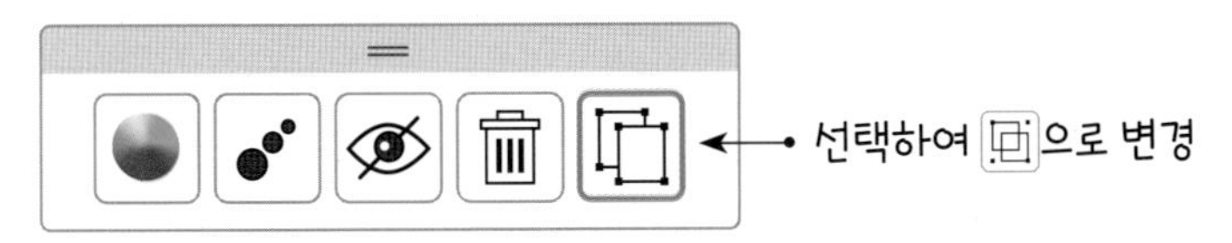

❷ [회전 도구] → [회전] → 태극 문양을 선택한 후 점 D_1을 클릭하면 나타나는 팝업 창에 180을 입력하여 시계 방향으로 180° 회전합니다.

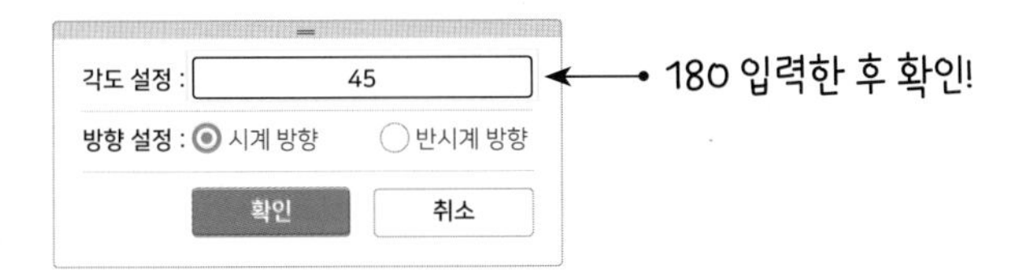

❸ 새로 만들어진 도형이 원래 도형과 완전히 일치하는지 확인합니다.

※ <4단계>에서 정리해 둔 선의 색을 유심히 살펴보세요.

5단계

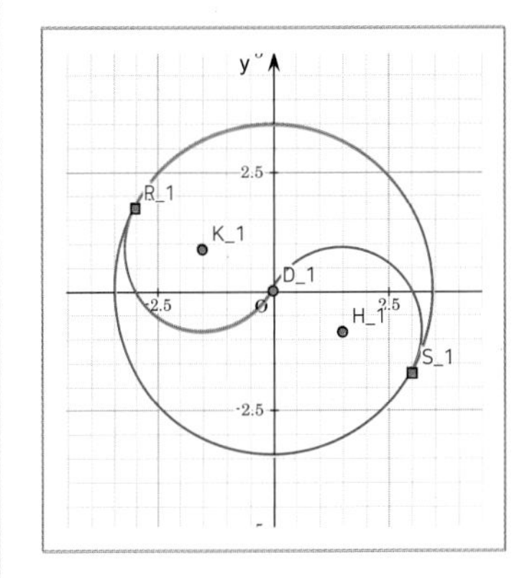

이제야 태극 문양이 완벽해졌군!
매스 경감님은 나 없으면 안 된다니까~
우리도 태극 문양 달고 응원하러 가자!

알지오 수학 탐정단

사건번호 | 2-8

오늘은 경감님의 찌그러진 태극 문양을 올바르게 그려 드렸다.
이번 사건의 가장 큰 실마리는 바로 점대칭도형이었다.

점대칭도형

① 어떤 점을 중심으로 180° 돌렸을 때 처음 도형과 완전히 겹쳐지는 도형

② 대칭의 중심: 회전할 때 중심이 되는 점으로, 점대칭도형마다 단 1개 뿐!

③ 대응점: 대칭의 중심을 중심으로 180° 돌렸을 때 서로 겹쳐지는 점

④ 대응변: 대칭의 중심을 중심으로 180° 돌렸을 때 서로 겹쳐지는 변

⑤ 대응각: 대칭의 중심을 중심으로 180° 돌렸을 때 서로 겹쳐지는 각

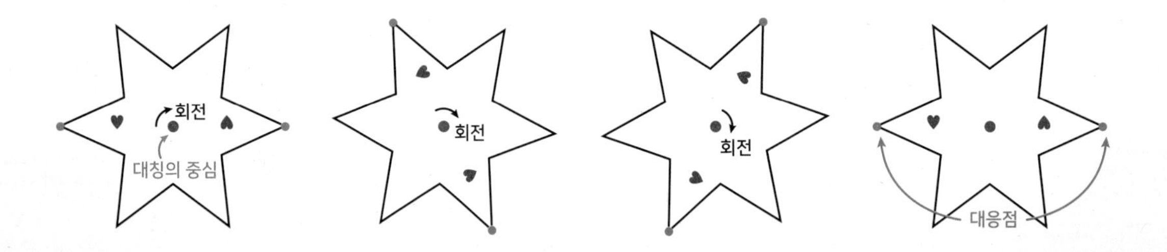

사건 총평

알지오매스에서 간단한 방법으로 태극 문양을 180° 돌렸더니 점대칭도형이라는 사실을 알 수 있었다. 오늘도 알지오매스의 도움으로 사건 해결!

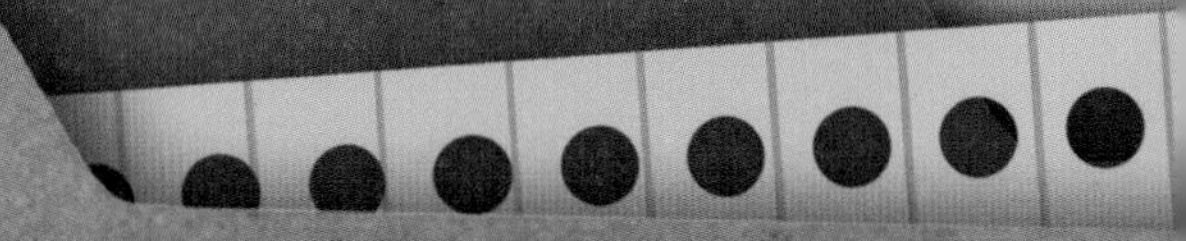

의뢰인의 편지

한글에도 점대칭도형이 있다구요?

아리, 지오야! 나, 매스 경감이다. 오늘은 너희 덕에 자랑스러운 태극 문양을 달고 국가대표 축구 경기를 응원할 수 있었구나. 고맙다.

그런데 너희들, 우리의 한글에도 점대칭도형이 숨겨져 있다는 사실, 알고 있니? 예를 들어 리을(ㄹ)은 한가운데 점을 중심으로 180° 회전하면 다시 리을(ㄹ)이 되거든.

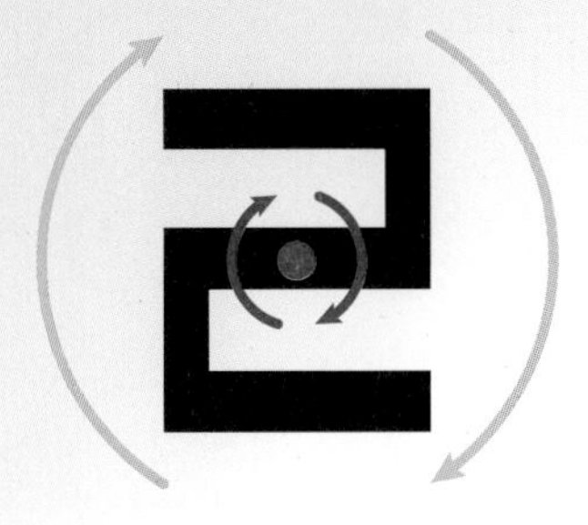

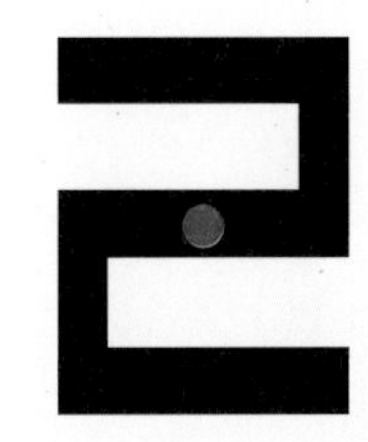

리을 이외에도 한글 자음에 숨겨진 점대칭도형이 또 있는데, 점대칭도형 전문가인 아리, 지오 너희들이 직접 찾아봐 줄래?

다음 한글 자음들 중 점대칭도형은 무엇일까요?
점대칭도형을 찾아서 아래 그림에 표시해 보세요.

ㄱ ㄴ ㄷ ㄹ ㅁ ㅂ ㅅ ㅇ

ㅈ ㅊ ㅋ ㅌ ㅍ ㅎ

자음에서 점대칭도형을
어떻게 찾지?

대응점

대칭의 중심을 알아야지!
대칭의 중심은 대응점끼리
이은 선분의 한가운데 있어!

정답: ㄹ, ㅁ, ㅇ, ㅍ

단 원	6학년 2학기 / 원의 넓이
개 념	반지름, 원주, 원주율
난이도	★★☆☆☆

동그리 왕국
동그리들의 비밀

사건번호 2-9

게시판에 새 글이 등록되었습니다.
띵동!
무슨 글이지?
오~! 동그리 왕국에서 게시글을 올렸네!
우리가 옥새 찾느라 고생한 동그리 왕국?

이것 좀 봐. 우리를 동그리 왕국의 명예 기사로 임명하겠대!
우와!
존경하는 아리, 지오 탐정님!
저희 왕국의 옥새를 찾아 주신 탐정님들께
감사한 마음을 담아 두 분을 동그리 왕국의 명예 기사로
임명하고자 합니다.
단, 우리 모든 동그리 국민들이 공통적으로 가지고 있는
비밀을 찾아내셔야 자격이 생긴답니다.
힌트는 지름과 원주(원의 둘레)입니다.
비밀을 찾아서 우리 왕국의 명예 기사가 되어 주세요.

어른 동그리
아이 동그리
=3
흐음…
흠…
어른, 아이 할 것 없이 모든 동그리들의 공통점이라…
뭐해 지오! 빨리 가자!

단서

수집하기

현장 단서

단서 1 모든 동그라미들이 공통적으로 가진 비밀이다.

원의 크기와는 관련이 없을 것이다.

원주 6.28
지름 2

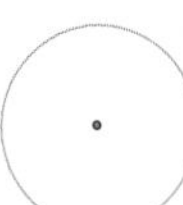

원주 12.57
지름 4

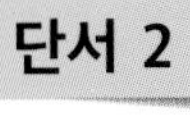

단서 2 힌트는 지름과 원주!

지름과 원주의 관계를 파헤쳐 보자.

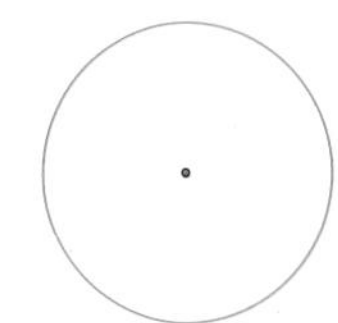

원주 18.85
지름 6

수학 단서

원의 중심과 원 위의 한 점을 이은 선분을 원의 **반지름**, 원의 중심을 지나며 원 위의 두 점을 이은 선분을 **지름**, 원의 둘레를 **원주**라고 한다.

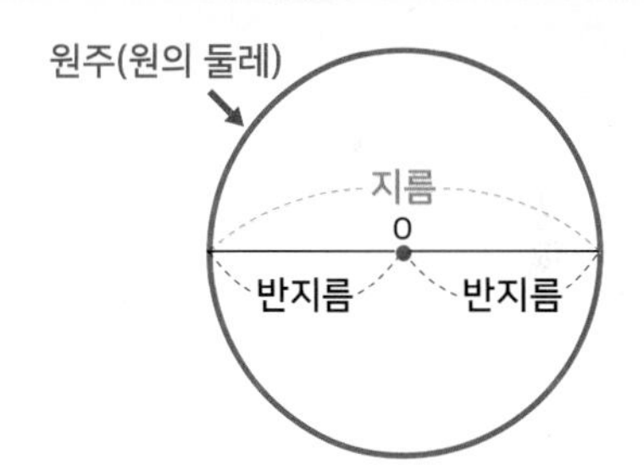

알지오매스 단서

임무 수행	도구 선택
원 그리기	→ 원 : 중심과 한 점 원의 중심과 크기에 맞게 중심과 원 위의 한 점 선택하기
직선 그리기	→ 직선 선택한 두 점을 지나는 직선 그리기
교점 찍기	→ 교점 원과 직선을 차례로 선택하여 만나는 점(교점) 찍기
선의 길이 측정	cm → cm 길이 지름의 양 끝점 또는 원을 선택하여 지름과 원주 측정하기

1단계 크기가 다른 원 3개 그리기

❶ 화면 오른쪽 위 환경설정( )에서 그리드 보기 설정을 끕니다.

→ ■ 그리드 보기 설정 ← 버튼을 밀기

❷ → 원 : 중심과 한 점 → 점 2개를 찍어 원을 그립니다.

❸ ❷와 같은 방법으로 크기가 다른 원을 2개 더 만듭니다.

1단계

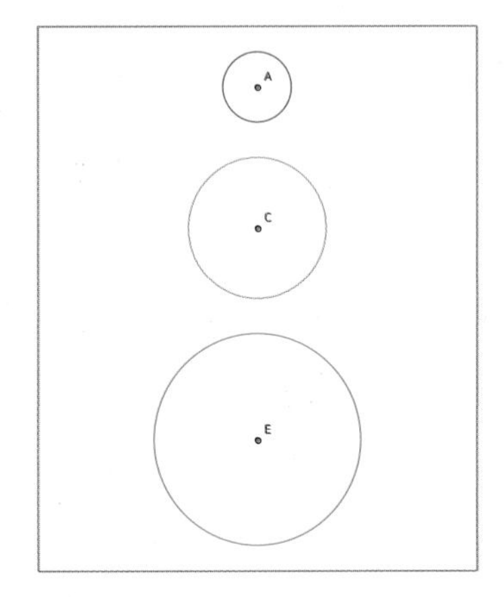

2단계 원의 중심을 지나는 직선 그리기

❶ → 직선 → <1단계>에서 그린 첫 번째 원에서 원의 중심인 점 A와 원 위의 한 점을 차례대로 클릭하여 원의 중심을 지나는 직선을 그립니다.

❷ 같은 방법으로 나머지 두 원의 중심을 지나는 직선을 만듭니다.

2단계

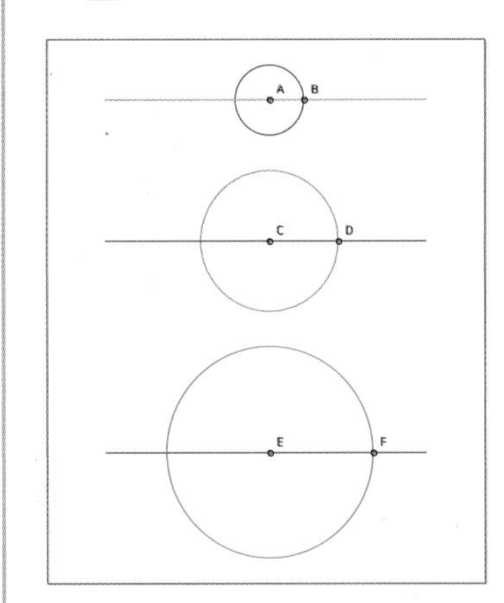

돋보기 왜 원의 중심을 지나는 직선을 그리는 건가요?

원 위의 두 점을 이은 선분이 원의 중심을 지날 때, 그 선분을 **지름**이라고 합니다. 지름을 표현하는 선분을 만들기 위해 원의 중심을 지나는 직선을 먼저 그리는 것입니다.

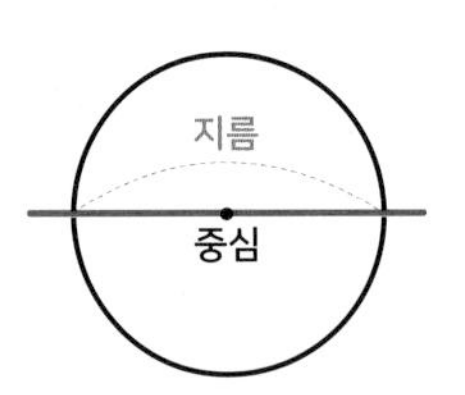

3단계 원의 지름과 원주(원의 둘레) 측정하기

❶ → 교점 → <2단계>에서 그린 원의 중심을 지나는 직선과 그 원을 차례대로 클릭하여 원과 직선의 교점을 각각 만듭니다.

❷ → 선분 → ❶에서 만든 교점 2개를 클릭하여 지름을 나타내는 선분을 만듭니다.

3단계

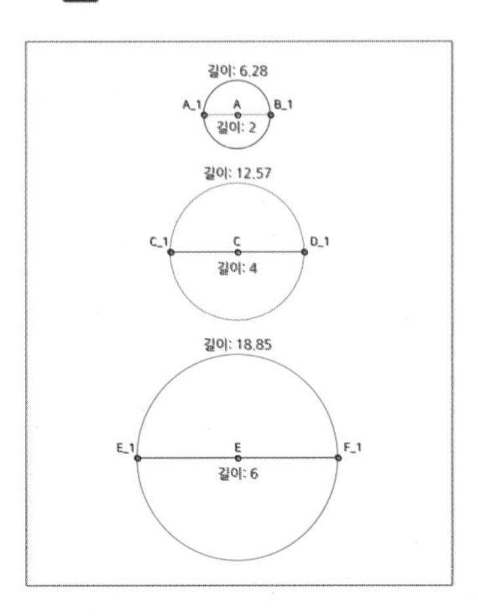

❸ [선택 도구] → [선택] → 원의 중심을 지나는 직선을 클릭하여 나타나는 팝업 창에서 숨기기 버튼([숨기기])을 선택합니다.

❹ [길이 도구] → [길이] → 지름을 나타내는 선분과 원의 둘레를 각각 선택하여 길이를 모두 측정합니다.

PC에서 원이 너무 작아서
선택하기 힘들면,
화면 오른쪽 위에 ➕ 버튼을
눌러서 화면을 확대해 봐!

4단계 계산기를 이용하여 (원주)÷(지름) 계산하기

❶ <3단계>에서 측정한 원주와 지름을 아래 표에 적습니다.

❷ 기하 창 왼쪽 아래에 있는 계산기([계산기] ▲) 버튼을 클릭하여 오른쪽 그림과 같이 계산기 화면을 띄웁니다.

❸ 계산기를 이용해서 (원주)÷(지름)의 값을 계산하여 표에 적습니다.

	원주	지름	(원주)÷(지름) (소수 둘째 자리까지 적기)
첫 번째 원			
두 번째 원			
세 번째 원			

4단계

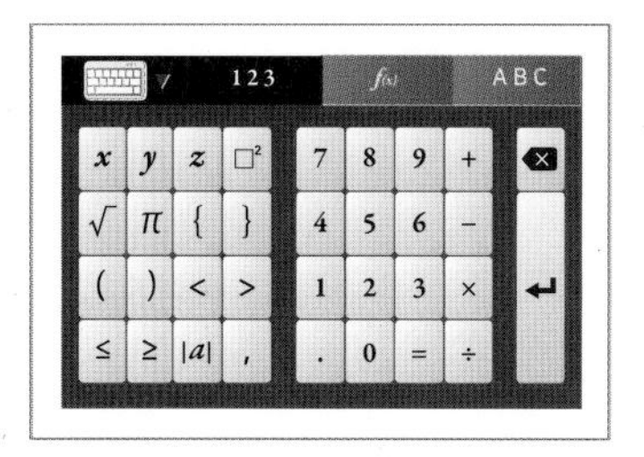

u_1: 6.28 ÷ 2
3.14
w_1: 12.57 ÷ 4
3.1425
y_1: 18.85 ÷ 6
3.14167

(원주)÷(지름)의 값이
3.14…로 모두 다 똑같네?
이걸 원주율이라고 하는거야!
모든 동그리 국민들이
똑같이 가지고 있는 비밀은
바로 원주율이었어!!

잠깐!

알지오매스 계산기를 이용해서 (원주)÷(지름)을 계산하면 그 값이 화면 왼쪽 대수 창([f(x)]) 부분에 나오지요? 원래는 3.141592… 로 항상 같은 값이 나와야 하지만, 알지오매스 계산 결과는 (원주)÷(지름)의 값이 소수 셋째 자리부터 달라요.

왜 그럴까요? <3단계>에서 측정한 원주와 지름도 정확한 값이 아닌, 소수 둘째자리까지 반올림한 값이기 때문이에요. 알지오매스에서의 모든 측정값은 소수 둘째자리까지 표시되도록 정해져 있답니다.

돋보기 원주를 지름으로 나눈 값은 왜 일정할까요?

다각형과 다르게 원이 갖는 특징은 바로 '크기가 다른 원일지라도 모양은 모두 같다'는 것입니다. 그렇기 때문에 **원의 지름이 길어지면 그만큼 같은 비율로 원주(원의 둘레)도 길어지는** 것입니다. 이때 원주와 지름의 일정한 비율을 바로 '**원주율(π, 파이)**'이라고 합니다.

아리와 지오의

사건수첩

알지오 수학 탐정단

사건번호 | 2-9

오늘은 동그리 왕국의 명예 기사가 되기 위해 동그리 왕국 동그리들의 비밀을 알아냈다.
이번 사건의 가장 큰 실마리는 바로 지름과 원주(원의 둘레) 사이의 관계였다.

원주율(π, 파이)

① 원의 지름에 대한 원주의 비율

② (원주율) = (원주) ÷ (지름) = 3.141592⋯

③ 원의 크기가 달라져도 원주율은 변하지 않는다.

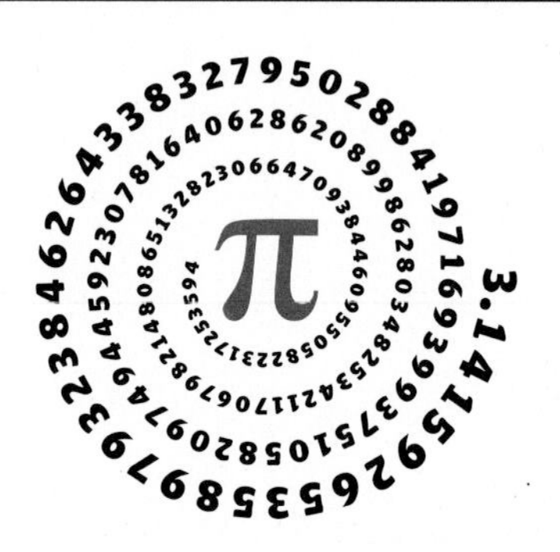

원주율이 항상 일정한 이유

① 원은 크기가 달라도 모양은 모두 같다.

② 원의 크기에 따라 지름과 원주는 항상 같은 비율로 커지거나 작아진다.

사건 총평

원주율이라는 동그리들의 비밀을 알아냈으니, 나도 이제 동그리 왕국 명예 기사가 될 수 있겠지!
가슴이 두근거린다.

의뢰인의 편지

파이데이(3월 14일)를 아시나요?

알지오 탐정단 여러분! 저는 동그리 왕국의 왕입니다.

우선 우리 동그리 왕국의 명예 기사가 되신 것을 축하드립니다. 기념으로 여러분께 저희 동그리 왕국의 가장 큰 축제인 파이데이를 소개하려고 해요.

파이데이의 기원은 원주율 3.141592……의 앞부분인 3.14와 숫자가 같은 3월 14일을 '원주율의 날' 혹은 '파이(π)데이'로 기념하기로 한 것입니다. 사실 '파이데이'는 우리 동그리 왕국뿐만 아니라 미국, 유럽 등 전 세계적으로도 유명한 기념일이에요.

원주율을 기념한다는 것이 조금 특이하지요? 사실 원주율은 자동차의 주행 거리를 계산할 때, 육상 경기 레인을 만들 때, 심지어 미용실에서 파마할 때에도 사용되고 있을 정도로 우리 생활 속에서 정말 많이 사용된답니다.

그럼 세계에서 파이데이를 어떻게 기념하고 있을까요? 미국 하버드, 영국 옥스퍼드 등의 대학에서는 파이데이를 기념한 행사를 진행하고 있다고 해요. 각 대학에서 수학을 전공한 학생들이 한자리에 모여 '파이 클럽'을 만듭니다. 그리고 3월 14일 오후 1시 59분 26초쯤에 모여 π 모양의 파이를 먹으며 파이데이를 기념한답니다. 우리 동그리 왕국에서 할 만한 파이데이 이벤트도 한번 생각해 보세요!

사각!

단 원	6학년 2학기 / 비례식과 비례배분
개 념	비율, 비례식
난이도	★★☆☆☆

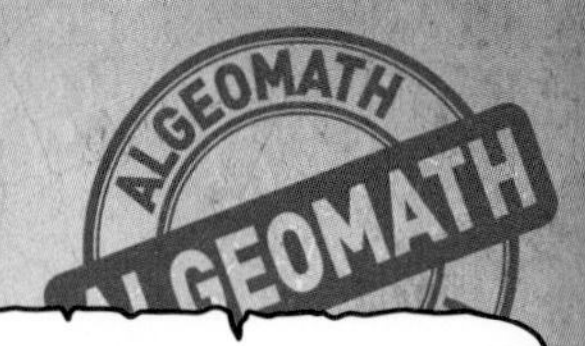
ALGEOMATH
ALGEOMATH

사각 뻥튀기의
비법 레시피

사건번호 2-10

왜?!! 내 최애 간식 사각 뻥튀기!!
사각 뻥튀기
잠시 쉽니다.
앗! 지오야, 이것 봐.

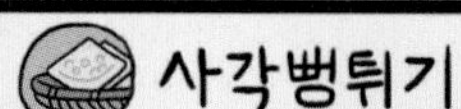
사각뻥튀기
CLOSED
[휴업 공지] 사장님의 건강 악화로 잠시 쉽니다.

좋아요 3,323개

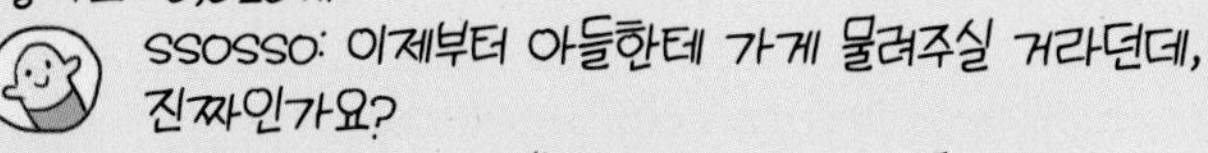
ssosso: 이제부터 아들한테 가게 물려주실 거라던데, 진짜인가요?
jjanghan: 여기 비법 레시피가 진짜 어렵다던데 유지될 수 있는건가…?

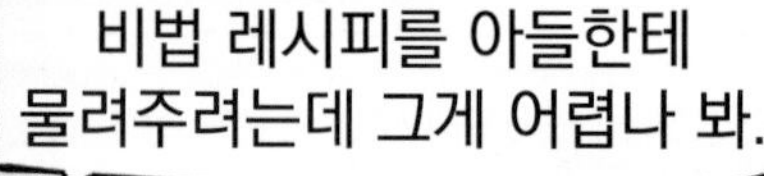
비법 레시피를 아들한테 물려주려는데 그게 어렵나 봐.

뻥튀기
잠시 쉽니다.
흐음…
그냥 가로와 세로의 비율을 일정하게 유지만 하면서 만들면 되는 거 아냐?

만들다 보면 크기가 막 변하는데, 가로 세로 비율을 일정하게 유지하는 게 어디 쉽냐고!!
씩
씩
비례식을 쓰면 되지!
댓글들 보니까 이걸 해결하기 위해서는 비례식의 뜻과 성질을 이해해야 한다는데?
타닥타닥
아니 그러니까 그걸 왜 모르냐고…!
어려운 게 아니야? 그럼 우리가 사건 접수하면 되겠네!
그러자!!

단서

수집하기

현장 단서

단서 1 뻥튀기의 크기가 달라도 가로와 세로의 비율은 일정하다.

뻥튀기의 가로와 세로를 비로 나타내 보자.

단서 2 비례식의 뜻과 성질을 이해하면 해결할 수 있다.

비율이 같은 두 비를 비례식으로 표현해 보자.

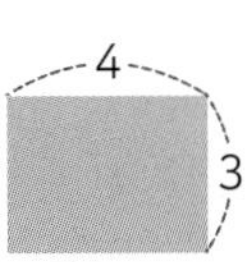

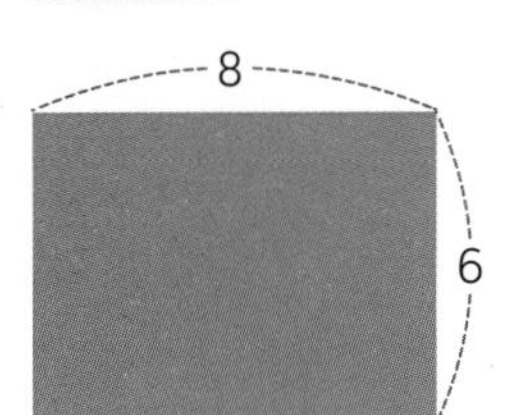

수학 단서

외항

$4 : 3 = 8 : 6$

내항

5 : 2, 4 : 3, 8 : 6처럼 두 수를 나눗셈으로 비교할 때 기호 : 를 사용하여 나타낸 것이 **비**이고, 수많은 비 중 비율이 같은 두 비를 왼쪽 그림처럼 등호를 사용하여 나타낸 식을 **비례식**이라고 한다.

이때 비례식에서 바깥쪽에 있는 두 항인 4와 6을 **외항**, 안쪽에 있는 두 항인 3과 8을 **내항**이라 한다.

알지오매스 단서

임무 수행	도구 선택
확대 또는 축소하기	a = 2 슬라이더를 움직여 뻥튀기 크기 조절하기
계산기 사용하기	▲ 계산기를 화면에 띄워서 필요한 계산식의 결과값 구하기

도안 준비
모바일 QR코드 찍기
PC 모둠에서 열기

1단계 뻥튀기 도안 준비하기

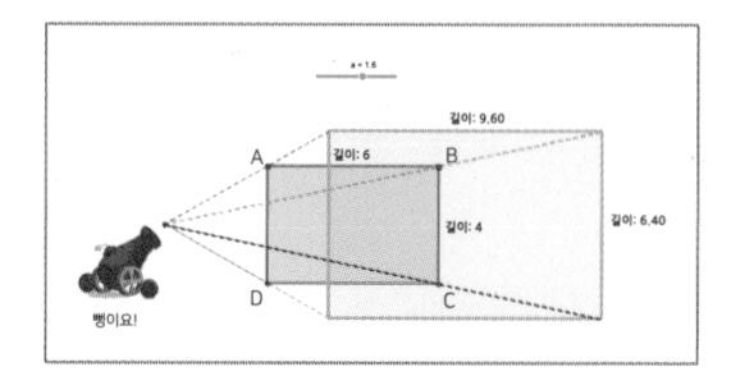

❶ 도안을 준비합니다. (오른쪽 참고)

❷ $f(x)$ → 대수 창 목록 맨 아랫부분에서 두 그림을 모두 숨깁니다.

파란 원을 클릭하여 ● 으로 바꿔 줍니다.

2단계 슬라이더 움직이며 뻥튀기 튀기기

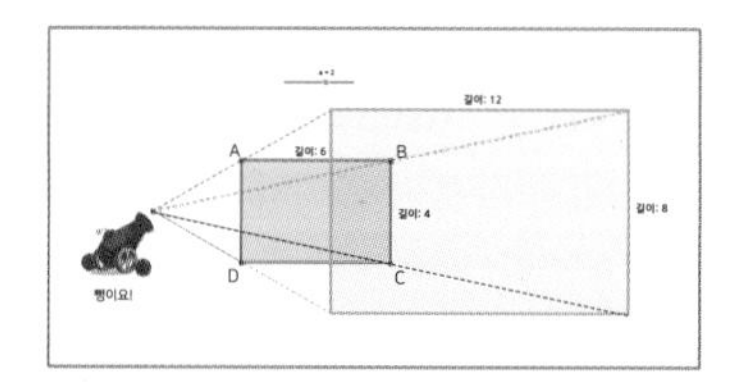

❶ 기하 창에 있는 슬라이더(a = 2)에서 가운데 있는 점을 좌우로 자유롭게 움직여서 뻥튀기를 확대하거나 축소해 봅니다.

❷ 슬라이더의 숫자를 1로 맞추어 빨간색 뻥튀기(사각형 ABCD)와 주황색 뻥튀기의 크기와 모양이 완전히 겹쳐지는 것을 확인합니다.

돋보기 슬라이더(a = 2)가 뭐예요?

슬라이더는 주황색 뻥튀기의 가로와 세로를 결정하는 긴 막대 모양 도구입니다. 주황색 뻥튀기의 가로와 세로는 빨간색 뻥튀기의 가로와 세로에 슬라이더의 수(a의 값)를 곱한 수로 정해집니다. 이때 슬라이더의 수를 배율이라고 합니다.

3단계 뻥튀기의 비율을 확인하기

❶ 슬라이더를 움직여 만들어진 주황색 뻥튀기와 빨간색 뻥튀기의 모양을 비교해 봅시다. ※ 크기가 아닌 모양을 확인하도록 합니다.

❷ 빨간색 뻥튀기의 가로와 세로를 확인하여 오른쪽 빈칸을 채워 봅시다.

❸ 슬라이더를 움직여서 (< a = 2 >)가 되도록 한 후, 주황색 뻥튀기의 가로와 세로를 확인하여 오른쪽 빈칸을 채워 봅시다.

❹ 두 뻥튀기의 가로와 세로의 비율이 같은지 비교합니다.

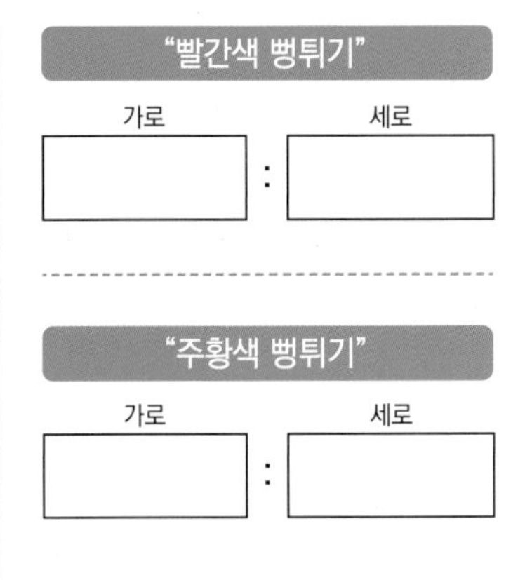

잠깐!

두 뻥튀기의 비율을 비교하기 위해서는 $\frac{(세로)}{(가로)}$를 구해 보면 됩니다.

주황색 뻥튀기가 더 큰데, 모양은 똑같아! 비도 숫자가 커졌을 뿐, 비율은 같은데?

4단계 비례식 만들고 비례식의 성질 확인하기

❶ 슬라이더를 자유롭게 움직인 후, 슬라이더에 적힌 배율(a의 값)과 주황색 뻥튀기의 가로와 세로를 살펴봅시다.

※ (빨간색 뻥튀기의 가로) × (배율) = (주황색 뻥튀기의 가로)

❷ 괄호 안에 알맞은 수를 써넣어 가로와 세로의 비를 나타내는 비례식을 만들어 봅시다.

	빨간색 뻥튀기				주황색 뻥튀기		
	가로	:	세로	=	가로	:	세로
a = 2	6	:	4	=	12	:	8
a = 3	6	:	4	=	( )	:	( )
a = 4	6	:	4	=	( )	:	( )

정답: 18, 12, 24, 16

❸ ❷에서 세운 비례식의 외항의 곱과 내항의 곱을 구하고 계산 결과를 비교해 봅시다.

	외항의 곱	내항의 곱
a = 2	( )	( )
a = 3	( )	( )
a = 4	( )	( )

정답: 48, 48, 72, 72, 96, 96

맞아! 그래서 뻥튀기의 가로나 세로 중 하나만 정해주면, 자동으로 주황색 뻥튀기를 만들 수 있는거지.
이제 주황색 뻥튀기를 주문하러 가 볼까?

알지오 수학 탐정단

사건번호 | 2-10

오늘은 사각 뻥튀기의 비법 레시피를 정리해 드렸다.
이번 사건의 가장 큰 실마리는 바로 비례식이었다.

비례식

① 비율이 같은 두 비를 등호(=)를 사용하여 나타낸 식

② 비례식의 성질을 이용하면,
비로 표현되는 두 수 중에서 하나만 알아도 나머지 수를 알 수 있다.

외항, 내항

① 외항: 비례식에서 바깥쪽에 있는 두 항

② 내항: 비례식에서 안쪽에 있는 두 항

③ 비례식에서 외항의 곱과 내항의 곱은 항상 같다.

외항

$$4 : 3 = 8 : 6 \rightarrow \underset{\text{외항의 곱}}{4 \times 6} = \underset{\text{내항의 곱}}{3 \times 8}$$

내항

사건 총평

그동안 알지오매스의 슬라이더 기능이 궁금했는데, 비례식에서 배율을 조정하는 역할을 하는 거였구나. 역시 알지오매스만 있으면 무엇이든 할 수 있어!

의뢰인의 편지

미니어처 속에 담긴 비례식을 아시나요?

알지오 탐정단 여러분! 저는 사각 뻥튀기 사장입니다. 여러분의 도움으로 아들에게 성공적으로 우리 가게의 비법 레시피를 정리해 알려 줄 수 있었어요. 사각 뻥튀기를 물려주게 되니 처음 뻥튀기를 만들었을 때가 생각나네요. 여러분께만 말씀드리는데, 저는 원래 미니어처 건물을 만드는 건축가를 꿈꾸었답니다. 지금의 뻥튀기 레시피의 아이디어도 작은 미니어처 건축물에서 얻은 것이랍니다.

여러분은 미니어처에 대해 들어본 적 있나요? 미니어처(miniature)란 '실제와 같은 모양으로 정교하게 만들어진 작은 모형'이에요. 여러분은 생활 속에서 미니어처를 많이 보았을 겁니다. 식당 앞에 있는 음식 모형, 비행기나 자동차 장난감들 모두 미니어처지요. 이것들은 실물과 동일한 모양이어야 하기 때문에, 비례식을 이용하여 실제와 같은 길이의 비를 가진 축소된 모형으로 만든답니다.

생활 속에서 미니어처는 매우 유용해요. 아파트나 건물을 만들기 전에 먼저 도안으로 설계하고 건물이 실제 도안대로 세워졌을 때 어떤 모습인지 알기 위해서 작은 모형으로 만든답니다. 이때에도 비례식을 이용해야 건물의 크기를 축소한 모양을 만들 수 있어요. 또한 우리나라에서는 프랑스의 에펠탑, 미국의 자유의 여신상 등 세계 유명한 건축물을 미니어처로 만들어 한 곳에 모아 여러 사람이 볼 수 있도록 전시해 놓은 곳도 있답니다.

이렇게 미니어처는 생활 곳곳에 쓰여요. 제가 만든 사각 뻥튀기의 레시피에도 쓰였죠. 미니어처가 크기만 작아졌을 뿐 실제와 똑같아 보이는 이유는 바로 수학의 비례식 덕분이랍니다.

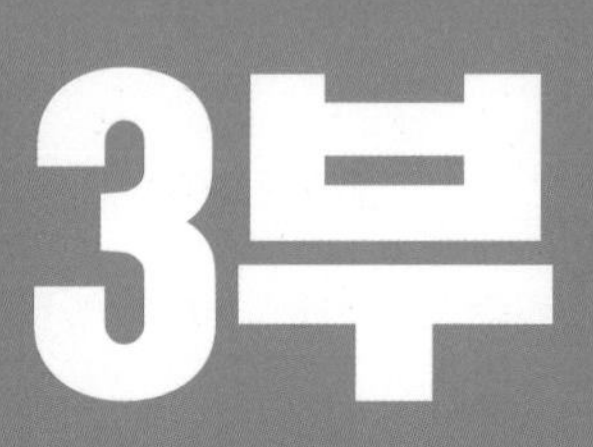

알지오매스 블록코딩

블록코딩으로 들어가서
사건을 해결해 볼까?

 클릭!

단 원	3학년 1학기 / 평면도형
개 념	정사각형
난이도	★★★☆☆

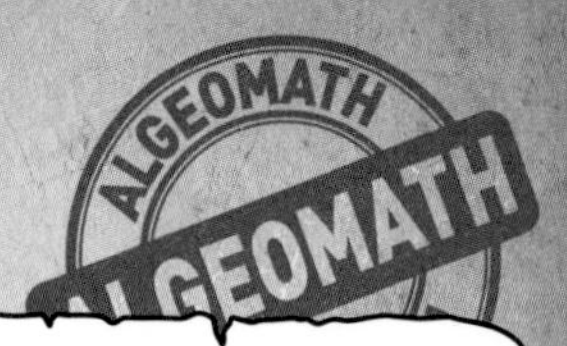

거북이의
벽돌쌓기 비법

사건번호 3-1

단서
수집하기

현장 단서

단서 1 정사각형 모양의 벽돌을 쌓았다.

정사각형의 성질을 활용하자.

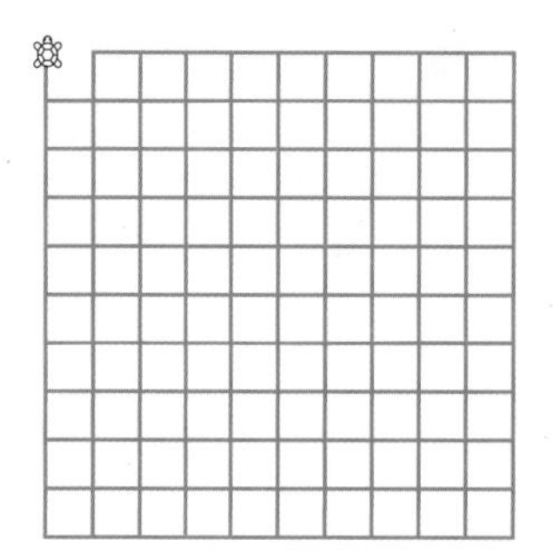

단서 2 거북이가 토끼보다 빠르게 쌓았다.

같은 명령을 반복하여 효율적으로 작업했다.

수학 단서

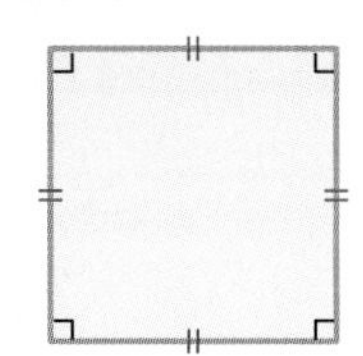

정사각형은
네 변의 길이가 같고, 네 각(내각)이 모두 직각인
사각형이다.

알지오매스 단서

임무 수행	도구 선택
거북이 만들기	구성 → (1 , 2)에 거북이 "T" 만들기 도형을 그려줄 아이콘 만들기
변 그리기 거북이 이동하기	동작 → "T" 를 앞으로 1 만큼 이동하기 한 변의 길이만큼 이동하기
각 만들기 거북이 회전하기	동작 → "T" 를 왼쪽 으로 90 만큼 회전하기 한 내각(또는 외각)의 크기만큼 회전하기
반복하기	제어 → 3 회 반복 하기 같은 과정을 반복하여 사각형을 완성하고, 사각형의 개수 늘리기

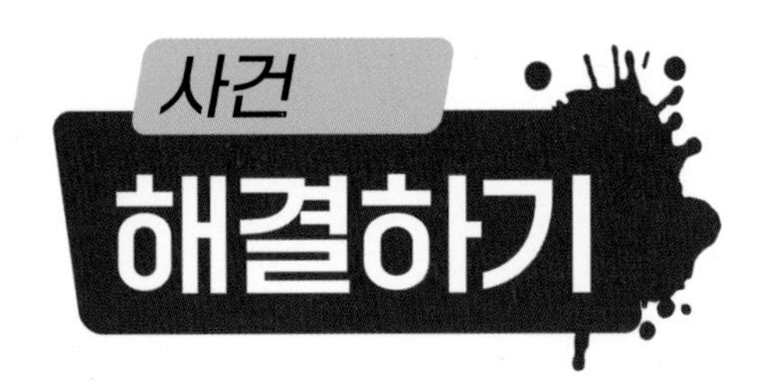

1단계 1층 첫 번째 정사각형 벽돌쌓기

❶ 화면 왼쪽 메뉴에서 ( )을 선택하여 블록코딩 창을 열어 줍니다.

❷ (0, 0)에 거북이 'T'를 만들 블록을 조립합니다.

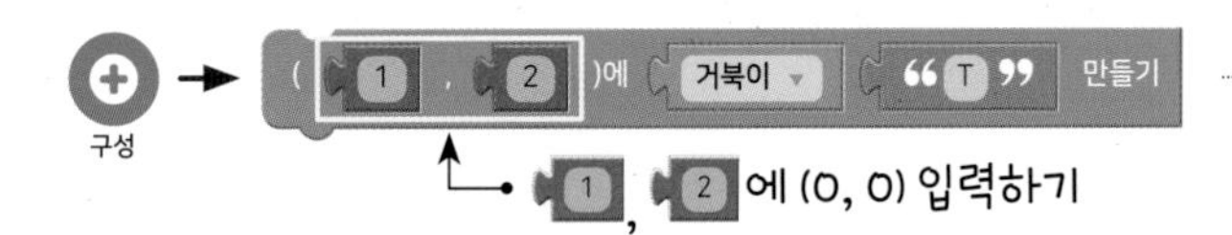

❸ 거북이가 앞으로 1만큼 이동, 오른쪽으로 90°만큼 회전하도록 블록을 조립합니다.

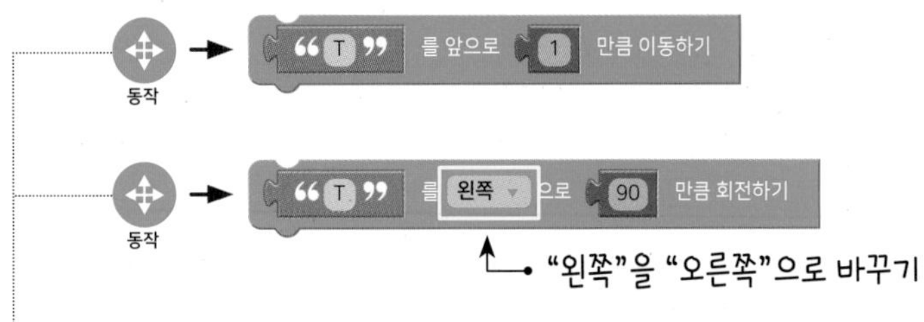

❹ 위의 동작을 4번 반복하기 위해 반복블록을 꺼내서 ❸에서 만든 블록을 끼워 조립합니다.

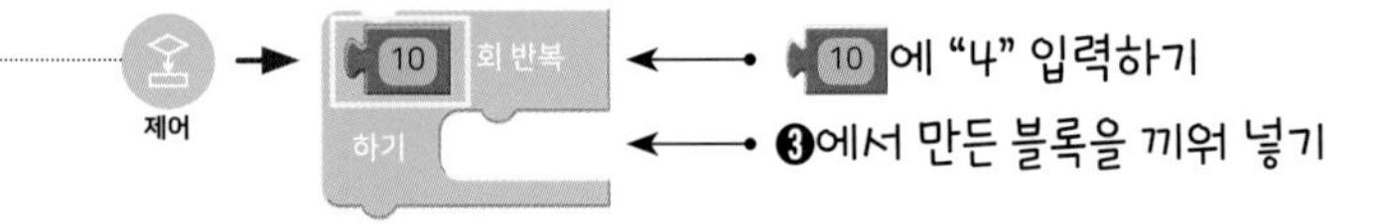

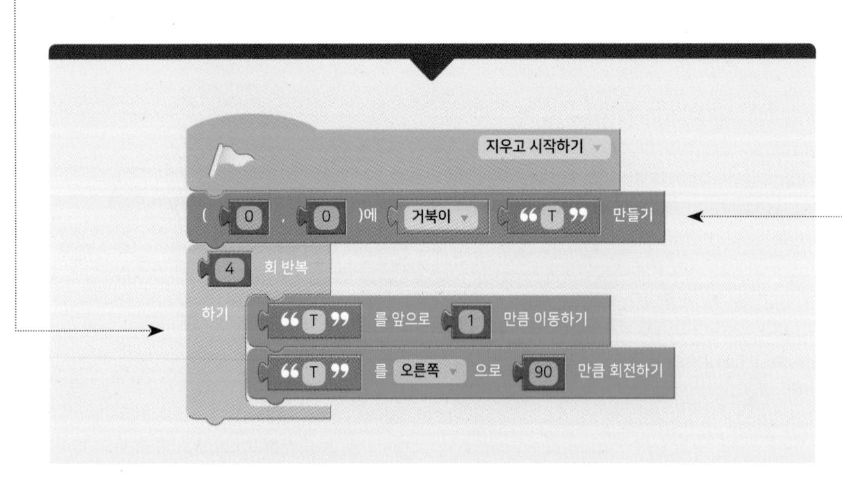

❺ 화면 아래 ( )( )( )에서 ( )을 클릭하고, 정사각형 모양이 잘 만들어졌는지 확인합니다.

1단계

각각의 블록을 조립할 때마다 화면 아래 ▶ 버튼을 눌러서 기하 창에 나타나는 그림을 확인할 수 있어!

이제 변 한 개 만든 거야? 그럼 이걸 4번이나 반복해야 정사각형이 완성되는 거네. 이걸 언제 다 만들어...?

그래서 준비한 게 있지! 바로~ 반.복.블.록!

❺

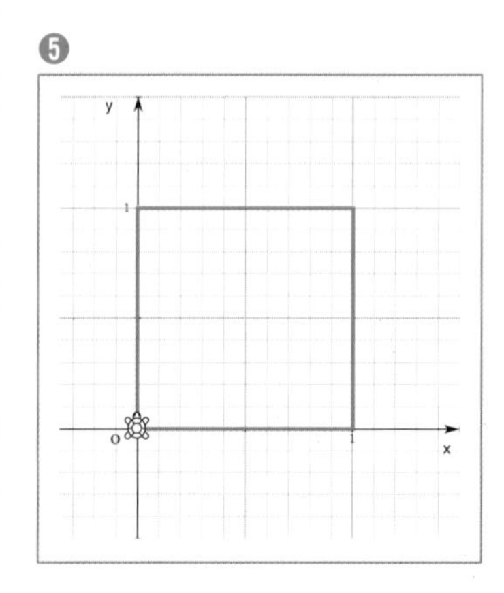

잠깐!

화면 아래 ⏯ ▶ 🔄에서 ⏯를 클릭하면 각각의 블록이 만드는 동작을 차례대로 천천히 볼 수 있어요.

돋보기 왜 오른쪽으로 90°만큼 회전해야 할까요?

정사각형의 한 외각의 크기가 90°이기 때문입니다. 거북이 머리 방향(🐢)을 진행하고 싶은 방향(🐢)으로 돌려야 하므로 오른쪽 방향으로 90°만큼 회전해야 합니다.

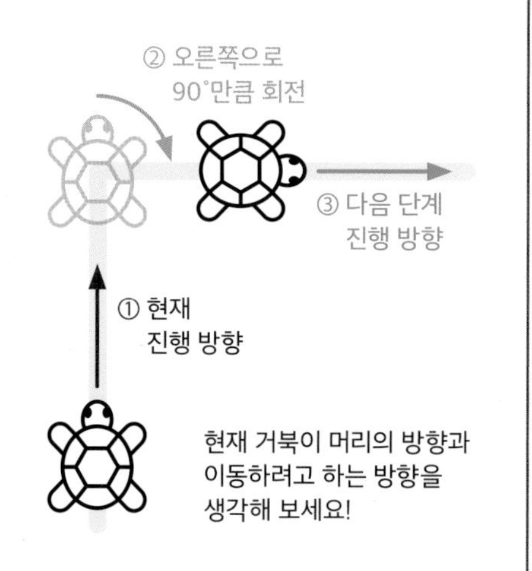

현재 거북이 머리의 방향과 이동하려고 하는 방향을 생각해 보세요!

2단계 1층 두 번째 정사각형 벽돌쌓기

잠깐!

<2단계>에서 만드는 블록은 <1단계>에서 완성한 블록 아래쪽에 붙여 줄 거예요! 거북이가 이동해야 하는 순서대로 블록을 붙여 조립하는 것이 중요해요.

2단계

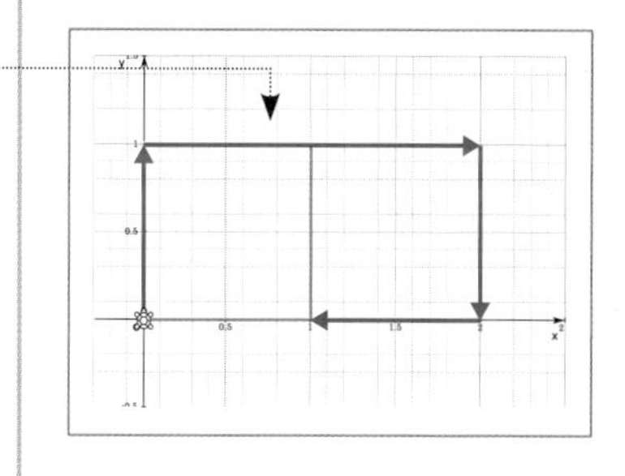

❶ 1층 두 번째 정사각형 벽돌을 쌓기 위해 아래와 같이 블록을 조립합니다.

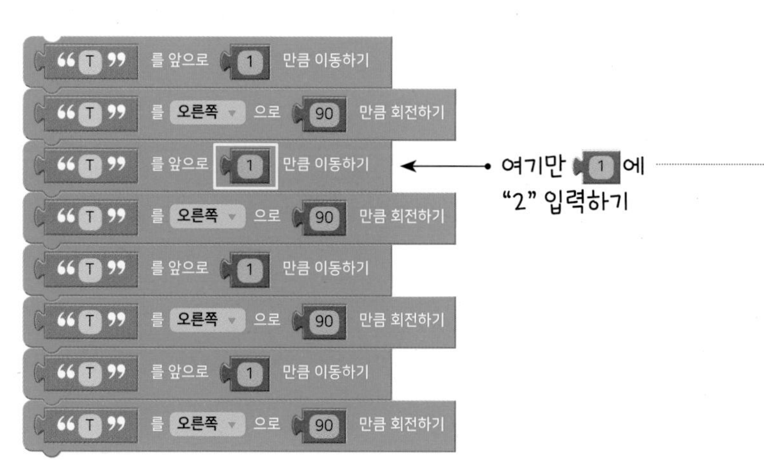

여기만 1 에 "2" 입력하기

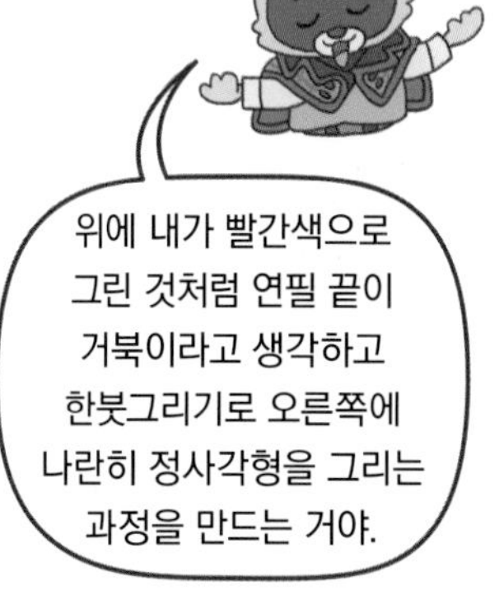

❷ 반복블록을 사용하여 ❶번 과정을 간단하게 바꿔 줍니다.

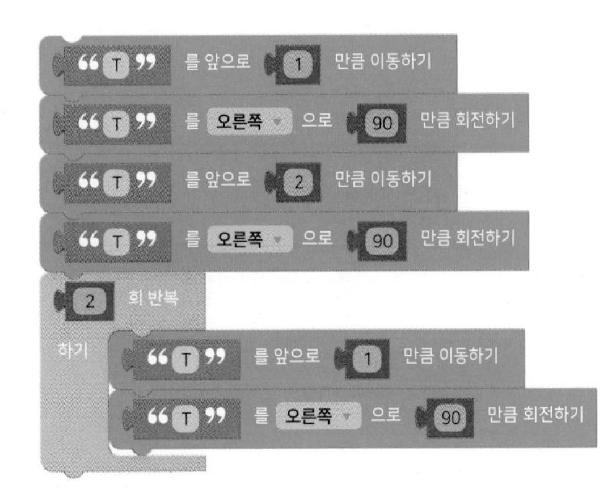

※ <1단계> ❹를 참고하세요.

❶번 블록이나 ❷번 블록이나 결과는 똑같지만, 우리는 벽돌을 많이 쌓을 거니까...!!
반복블록을 사용한 ❷번처럼 조립해 보자!

❸ <1단계>에서 만든 블록 아래에 <2단계>의 ❷번 과정의 블록을 붙여 조립한 후, 화면 아래 (버튼)에서 (버튼)을 클릭합니다.

3단계 1층 열 번째 정사각형까지 벽돌쌓기

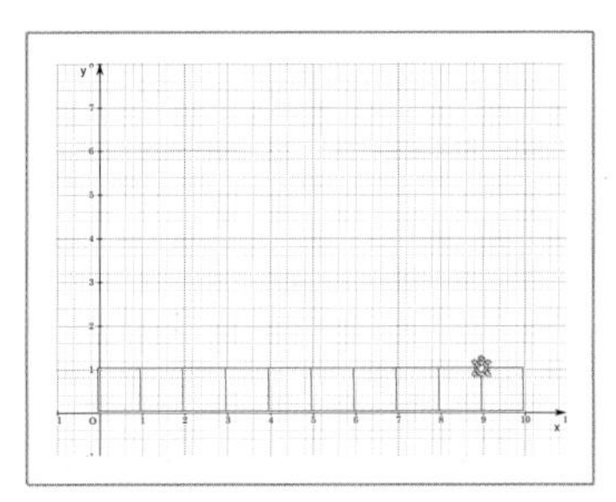

❶ 남은 1층 벽돌을 쌓기 위해 반복블록을 하나 더 꺼내어 <2단계>에서 만든 블록을 끼워 9번 반복하도록 조립합니다.

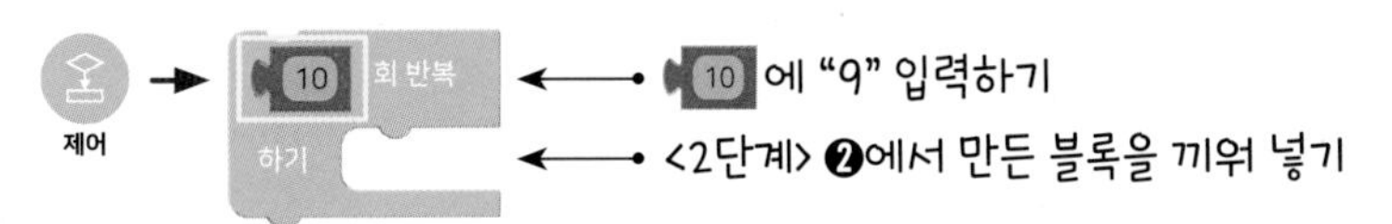

10 에 "9" 입력하기

9 회 반복
하기
"T" 를 앞으로 1 만큼 이동하기
"T" 를 오른쪽 으로 90 만큼 회전하기
"T" 를 앞으로 2 만큼 이동하기
"T" 를 오른쪽 으로 90 만큼 회전하기
2 회 반복
하기
"T" 를 앞으로 1 만큼 이동하기
"T" 를 오른쪽 으로 90 만큼 회전하기

❷ <1단계>에서 만든 블록 아래에 만들어진 반복블록을 붙여 조립한 후, 화면 아래 (버튼)에서 (버튼)을 클릭합니다.

❸ 거북이의 현재 위치를 확인하고, 거북이가 앞으로 1만큼 이동하도록 블록을 조립하여 완성된 블록 아래에 붙여 줍니다.

이제 2층 벽돌을 쌓아야 하니까 거북이를 1층 벽돌 위쪽으로 올리는 거군!

잠깐!

블록 조립에서 헷갈리지 않으려면,

1. 연필로 거북이가 있는 위치에서 출발합니다.
2. 연필을 떼지 않고 연결하여 이동 경로를 따라 그립니다.
3. 다음 단계로 넘어가기 전에 항상 거북이가 어디에서 어느 쪽 방향을 향해 멈춰 있는지 확인합니다.

그래야 다음 단계 블록 조립을 쉽게 할 수 있어요!

4단계 2층 정사각형 벽돌쌓기

❶ 2층 정사각형 벽돌을 쌓기 위해 거북이가 앞으로 1만큼 이동, 오른쪽으로 90˚만큼 회전하기를 3번 반복하도록 블록을 조립합니다.

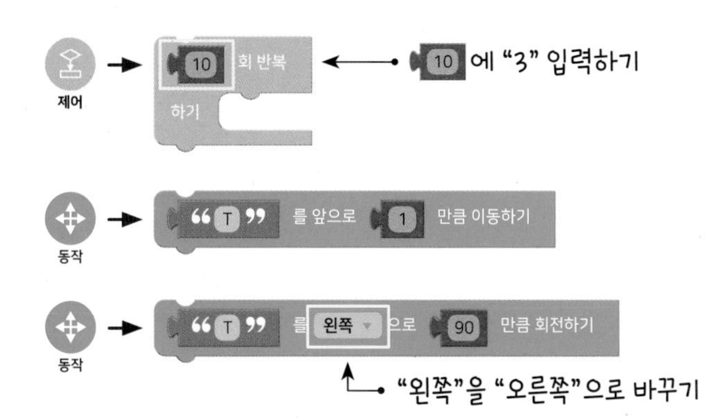

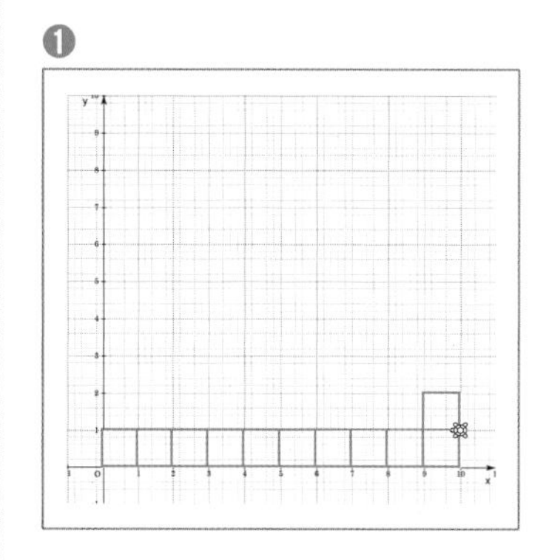

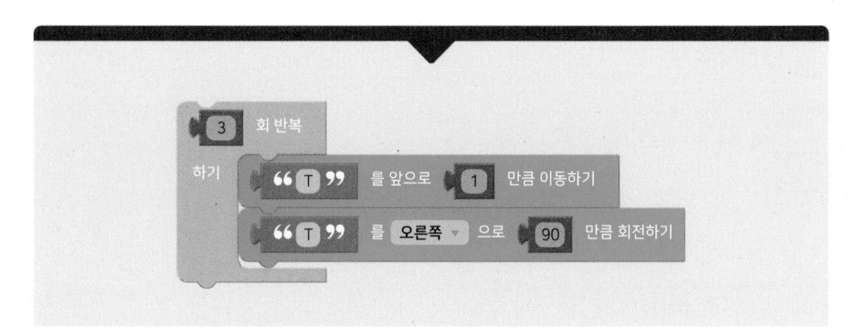

❷ 거북이가 앞으로 2만큼 이동, 오른쪽으로 90˚만큼 회전하도록 블록을 조립합니다.

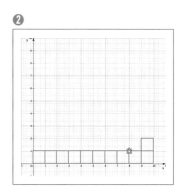

동작 → “T” 를 앞으로 1 만큼 이동하기

1 을 “2”로 바꾸기

동작 → “T” 를 왼쪽 으로 90 만큼 회전하기

“왼쪽”을 “오른쪽”으로 바꾸기

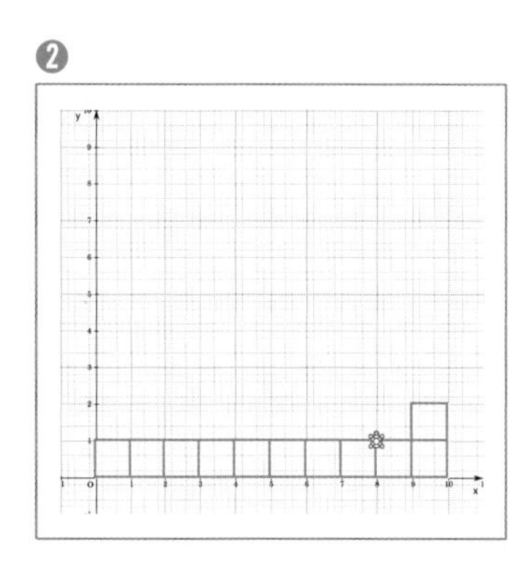

단서

수집하기

현장 단서

단서 1 같은 모양의 타일 여러 개가 바닥을 메운다.

타일 한 세트를 만들고 반복블록을 활용하자.

단서 2 정육각형 모양은 6개의 정삼각형 조각으로 나뉜다.

반복될 모양은 정삼각형 6개가 연결된 정육각형이다.

수학 단서

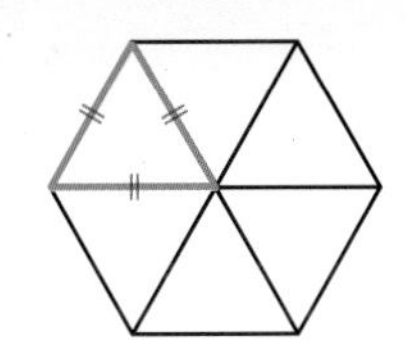

정육각형은
정삼각형 6개로 쪼갤 수 있다.

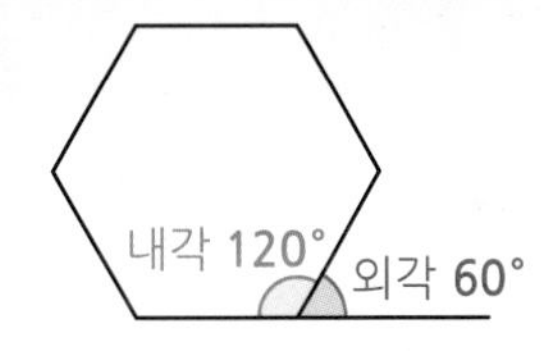

정육각형의 **한 내각**의 크기는 **120°**
⇒ **한 외각**의 크기는 **60°**

알지오매스 단서

임무 수행	도구 선택
거북이 만들기	구성 → (1 , 2)에 거북이 "T" 만들기 도형을 그려줄 아이콘, 거북이를 여러 개 동시에 사용할 수도 있다.
변 그리기 거북이 이동하기	동작 → "T" 를 앞으로 1 만큼 이동하기 한 변의 길이만큼 이동하기
각 만들기 거북이 회전하기	동작 → "T" 를 왼쪽 으로 90 만큼 회전하기 한 내각(또는 외각)의 크기만큼 회전하기
반복하기	제어 → 3 회 반복 하기 정육각형 안에는 정삼각형이 6개

1단계 정삼각형을 이어붙여 정육각형 만들기

❶ (0, 0)에 거북이 'T'를 만들 블록을 조립합니다.

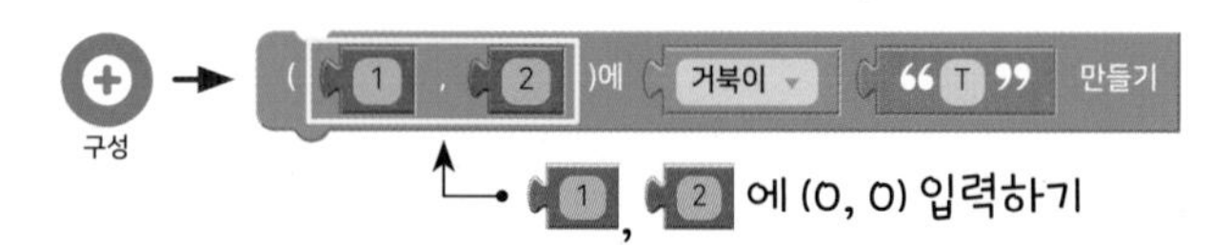

❷ 정삼각형 6개를 이어 그려서 정육각형을 만들려면, 거북이가 어떻게 움직여야 할지 예상해 봅니다.

※ 순서대로 선분을 그리기 위해 거북이를 어떻게 회전하고, 얼마나 이동시키면 되는지 생각하면 됩니다.

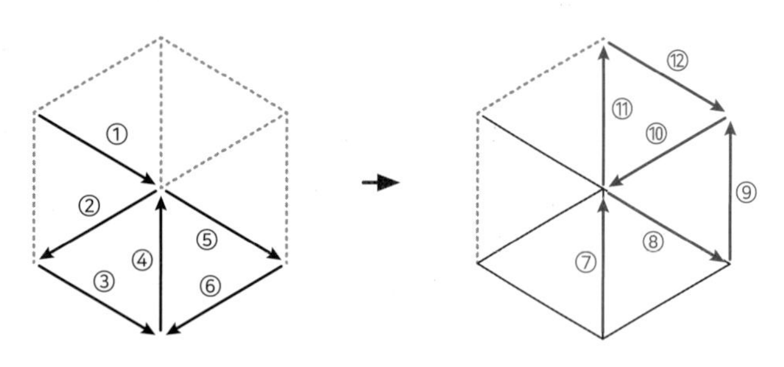

❸ ①번 선분을 그립니다. 거북이가 오른쪽으로 120°만큼 회전한 후, 길이가 1인 선분을 그리도록 블록을 조립합니다.

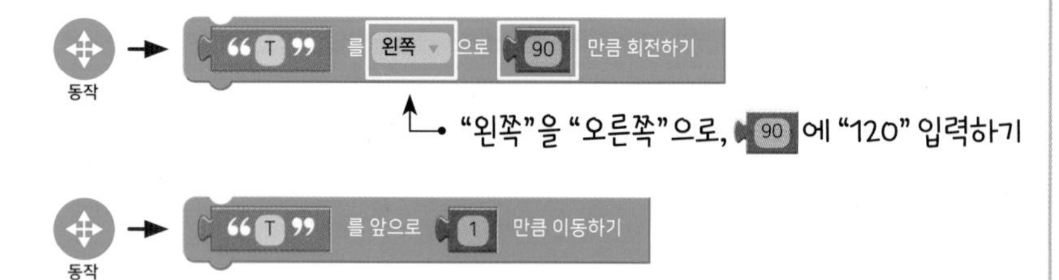

❹ ②번 선분을 그립니다. 다시 거북이가 오른쪽으로 120°만큼 회전하고 길이가 1인 선분을 그려야 하므로 ❸과정을 한 번 더 진행합니다.

❺ ③번 선분을 그립니다. 거북이가 왼쪽으로 120°만큼 회전한 후, 길이가 1인 선분을 그리도록 블록을 조립합니다.

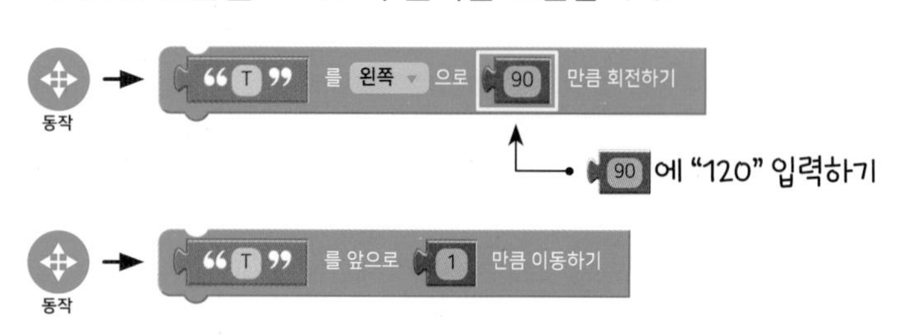

※ ④번 선분도 동일한 방법으로 그립니다.

1단계

정삼각형 가랜드 만들 때,
거북이 방향을 120°씩 돌려
주었던 거, 기억나지?
회전할 때는 외각의 크기만큼!

❹

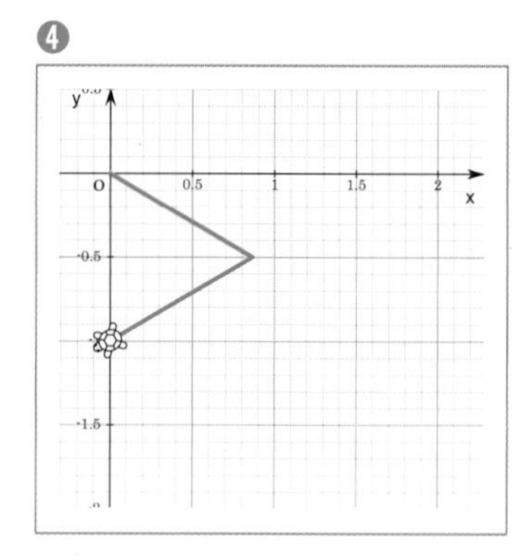

❺

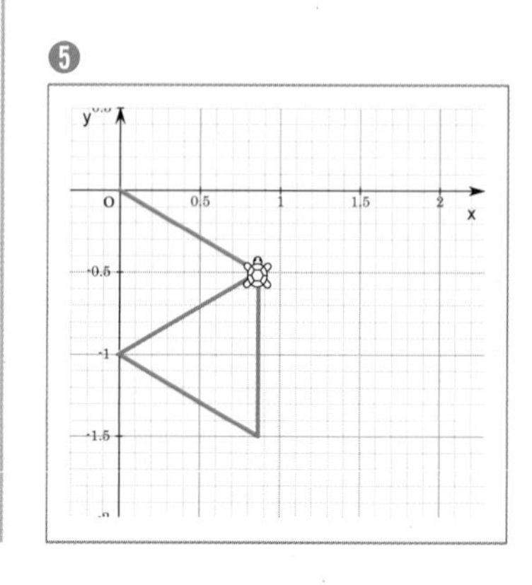

❻ ⑤번 선분을 그리기 위해서 거북이가 다시 오른쪽으로 120°만큼 회전한 후, 길이가 1인 선분을 그리도록 하는 블록을 조립합니다.

※ ⑥번 선분도 동일한 방법으로 그립니다.

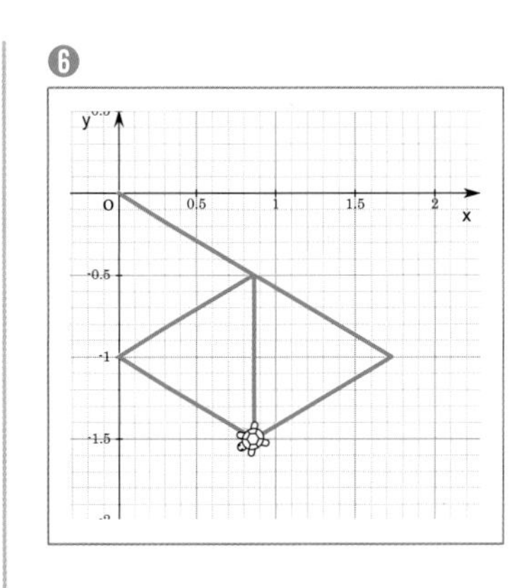

❼ 반복블록으로 ❸~❻의 과정을 3번 반복하여 정육각형을 완성합니다.

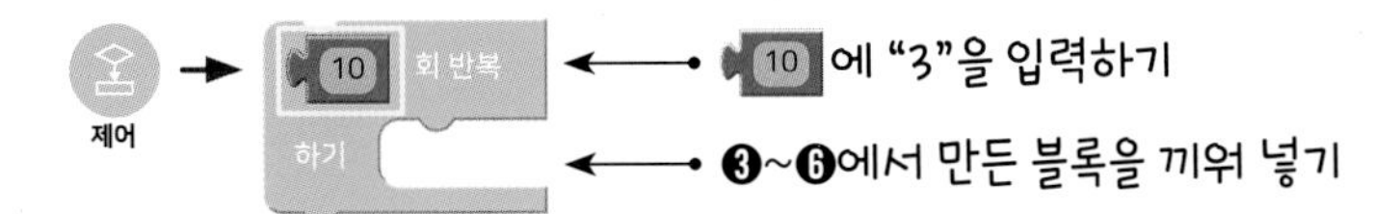

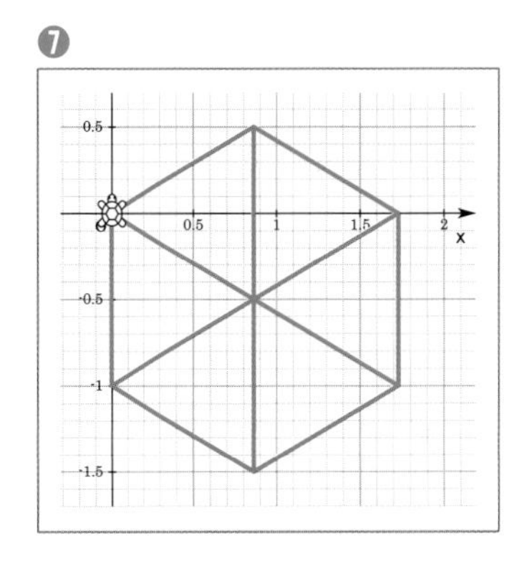

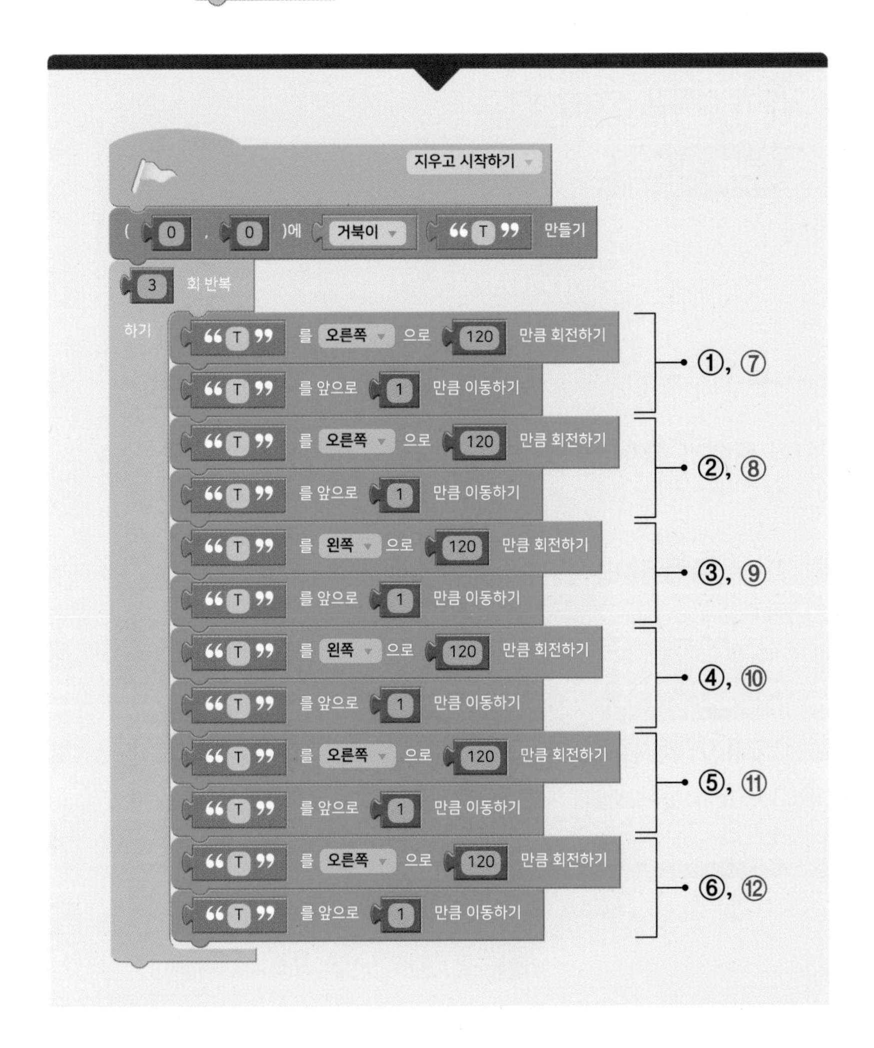

3회 반복을 하니까 지나간
길을 다시 가기는 하지만,
정육각형이 빈틈없이 완성
되는구나! 이제 바닥을
다 채울 수 있겠어!!!

잠깐!

(단계적 실행) 또는 (자동 단계적 실행) 버튼을 클릭하여 각 블록이 실행될 때마다 거북이가 어떻게 움직이는지 확인해 보세요.

2단계 거북이를 추가하여 타일 확장하기

❶ 같은 작업을 할 거북이를 더 추가하기 위해서, **<1단계>**에서 조립한 블록에서 노란색 반복블록 부분을 클릭한 상태로 떼어냅니다.

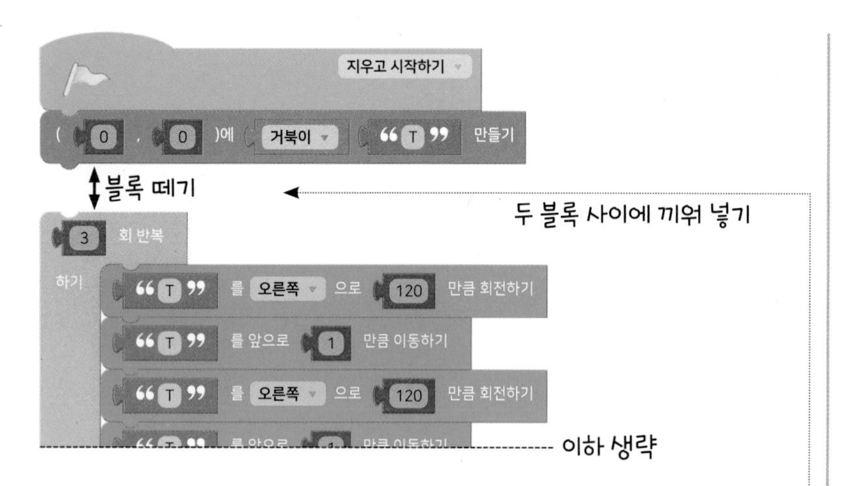

❷ (0, 2)에 거북이를 추가로 만들 수 있도록 블록을 조립합니다.

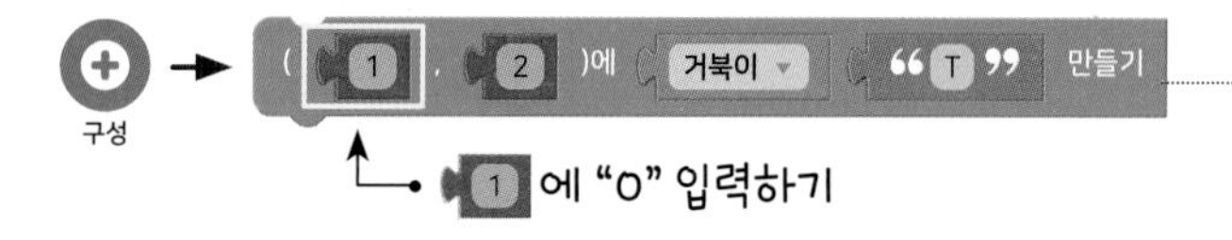

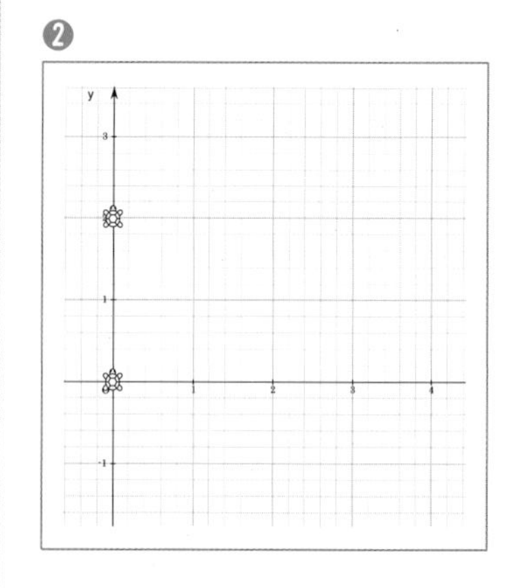

❸ 아래 떼어놨던 반복블록을 다시 붙이고, 화면 아래 (⏯)(▶)(🔁) 에서 (▶)을 클릭하여 기하 창의 그림을 확인합니다.

❹ 같은 작업을 할 거북이를 더 추가하기 위해서, ❶에서처럼 노란색 반복블록 부분을 다시 떼어냅니다.

❺ (1.73, 0), (1.73, 2), (3.46, 0), (3.46, 2), (0, 4)에 거북이를 추가로 만들 수 있도록 블록을 조립합니다.

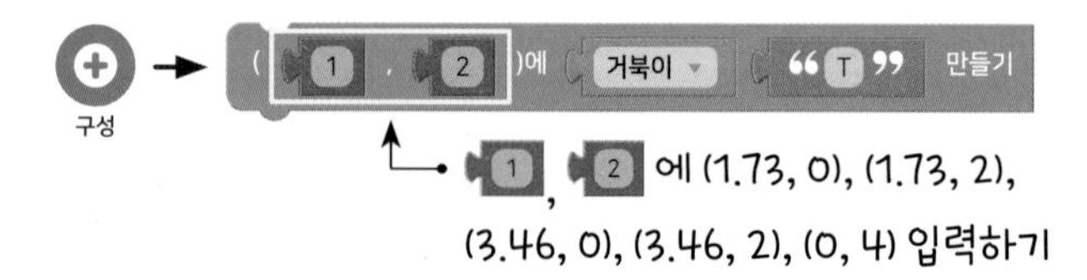

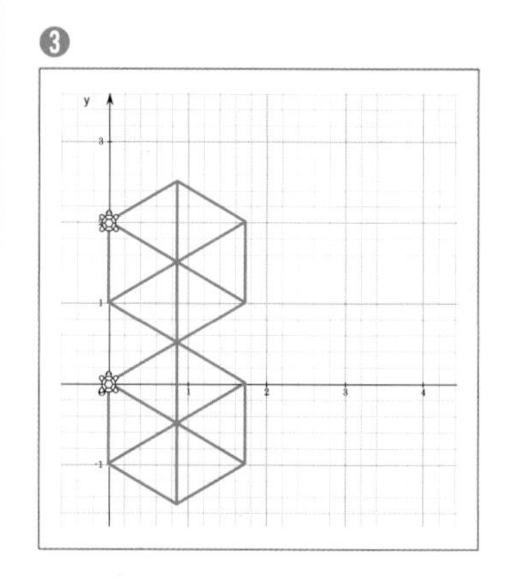

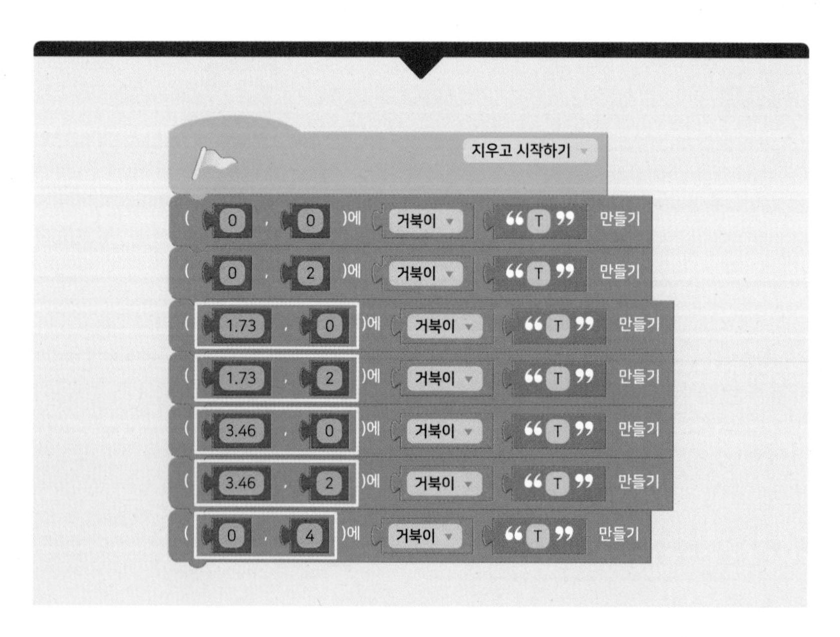

난 자꾸 중간에 실수를 해서, 새로운 블록을 만들 때마다 (▶)를 클릭해서 기하 창의 그림을 확인해야겠어... 흑흑

❻ 아래 떼어놨던 반복블록을 다시 붙이고, 화면 아래 (⏯)(▶)(🔄)에서 (▶)을 클릭하여 기하 창의 그림을 확인합니다.

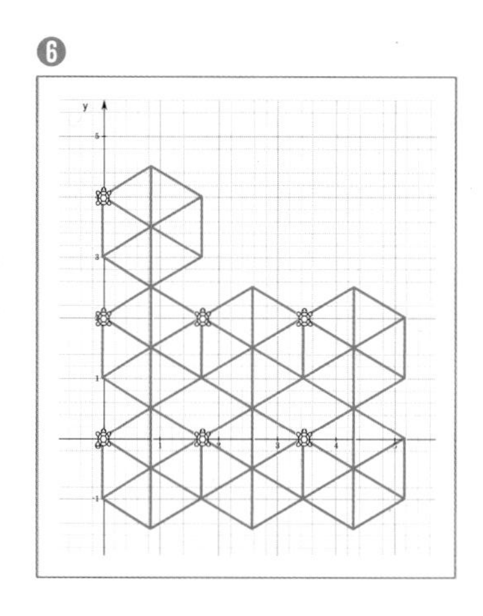

잠깐!

똑같은 블록을 여러 개 만들 때는 복제 기능을 사용합니다.

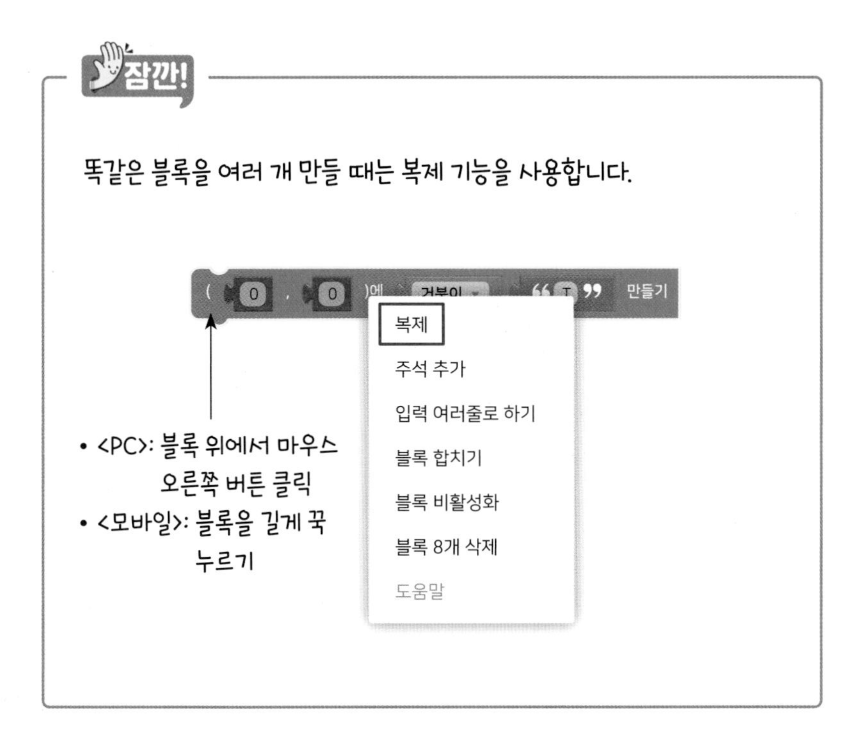

❼ 타일 사이의 빈틈을 메우기 위해 ❻에서 완성된 블록의 아래에 앞으로 1만큼 이동하는 블록을 조립합니다.

❽ 화면 아래 (⏯)(▶)(🔄)에서 (▶)을 클릭하여 그림을 확인합니다.

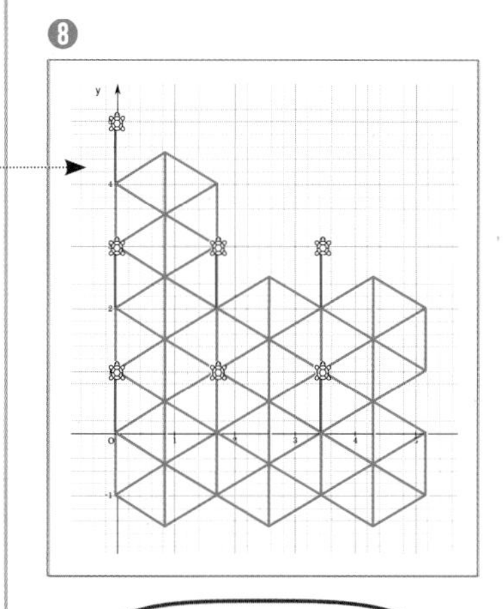

거북이가 생기는 규칙을 찾았다면, 원하는 만큼 거북이를 추가해서 타일을 더 많이 만들어 봐.

돋보기 새로운 거북이는 어떤 규칙으로 만들어요?

정육각형 타일 여러 개를 한꺼번에 만들려고 새로운 거북이를 만드는 거예요. 그러니까 거북이끼리 정육각형의 가로, 세로만큼 떨어져 있으면 되겠죠?

<1단계>에서 만든 정육각형을 잘 살펴보면 정육각형의 가로는 **약 1.73**, 세로는 **2**입니다. 그러니까 거북이들끼리도 그만큼 떨어져 있어야 겹치지 않게 여러 개의 정육각형을 그릴 수 있겠죠?

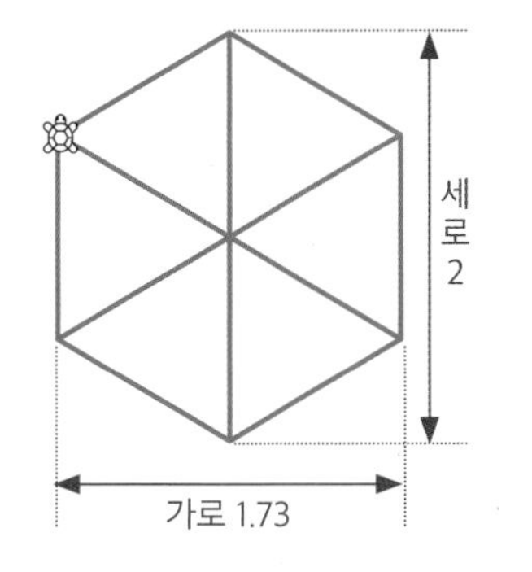

알지오 수학 탐정단

사건번호 | 3-3

오늘은 로마 알고매스 성당의 바닥을 복원해 보았다.
이번 사건의 가장 큰 실마리는 바로 정육각형의 여러 가지 특징이었다.

정육각형의 내각과 외각

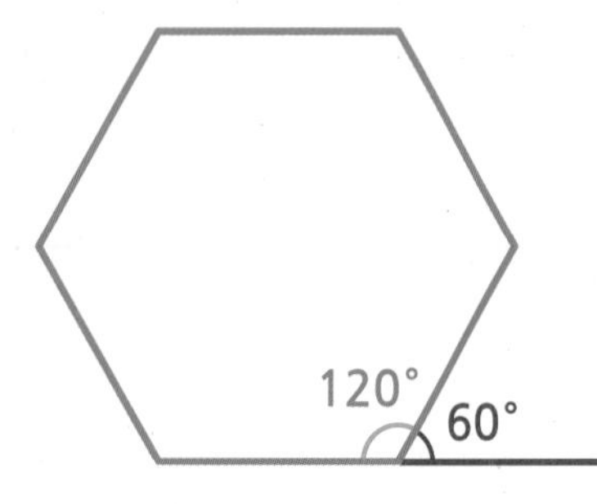

① 정육각형의 한 내각: 120°

② 정육각형의 한 외각: 60°

정육각형 타일 그리는 방법

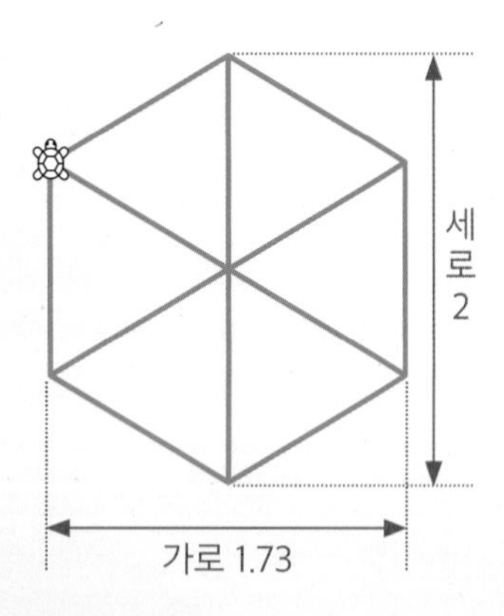

① 정육각형은 정삼각형 6개를 이어붙여서 그릴 수 있다.

② 한 변의 길이가 1인 정육각형의 가로는 약 1.73, 세로는 2이다.

사건 총평

거북이를 여러 마리 추가하느라 정신이 없었지만, 지난 사건에서 다뤘던 정다각형 외각의 성질을 이용했더니 어렵지 않았다. 이제 알지오매스 고수가 된 것 같다.

의뢰인의 편지

욕실 타일에도 수학이 숨어 있다?!

알지오 탐정단 여러분! 저는 수학을 너무 사랑하는 네덜란드의 미술가 모리츠 코르넬리스 에셔라고 합니다. 알고매스 성당 바닥을 여러분들이 고쳤다는 소식을 듣고 편지를 보냅니다. 여러분들이 제 전문 분야인 '테셀레이션'으로 문제를 해결한 모습에 어찌나 감격스럽던지.

테셀레이션은 같은 모양을 이용해 평면이나 공간을 빈틈이나 겹치는 부분 없이 채우는 것을 말합니다. 욕실의 타일이나 보도블록도 테셀레이션의 예입니다. 오 맞아요! 한국의 전통 문양에도 테셀레이션의 원리가 숨겨져 있지요.

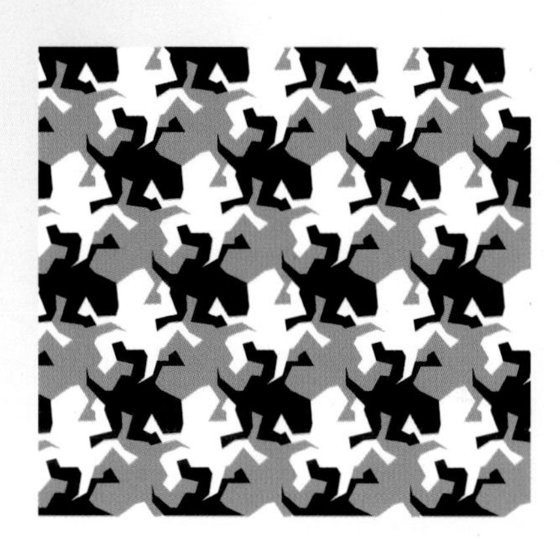

혹시 정육각형이 아닌 다른 타일로도 테셀레이션을 해 보고 싶다고요? 도형들을 한 점에 모았을 때 모이는 각의 합이 **360°**가 되면 할 수 있답니다.

<정육각형>

120° 120°
120°

$120° \times 3 = \mathbf{360°}$

<정사각형>

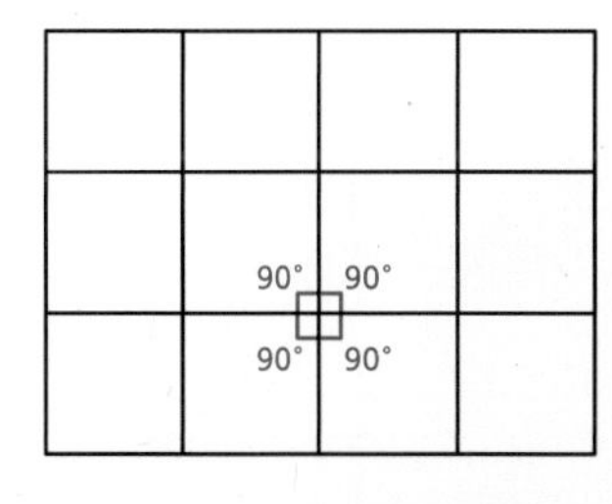

$90° \times 4 = \mathbf{360°}$

<정삼각형>

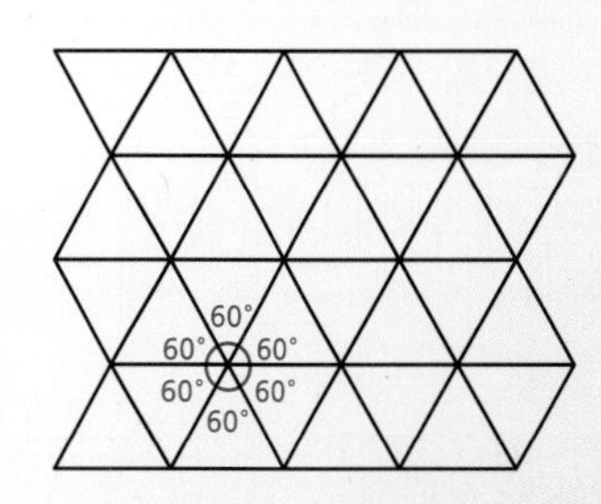

$60° \times 6 = \mathbf{360°}$

단 원	6학년 1학기 / 비와 비율
개 념	비, 닮음
난이도	★★★★☆

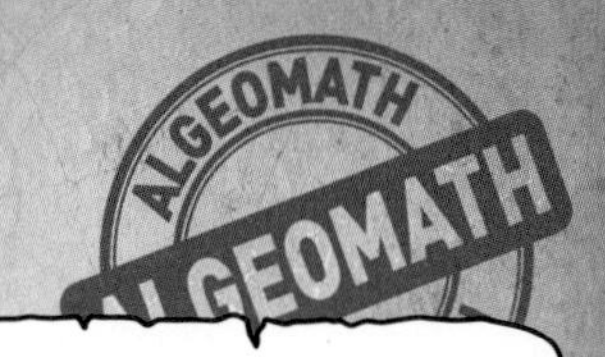

미스터리 퀴즈!
내 안에 나 있다?

사건번호 3-4

아~ 덥다, 더워! 심심한데
퀴즈 대결이나 할까?
토닥 토닥
오호라! 그럼
내가 문제를 내 볼까?
깜짝이야!
또 언제 오셨대…?
BLOC

따끔이 속에 빤질이, 빤질이 속에 털털이,
털털이 속에는 얌얌이가 있는 것은?
헐!
아하!!
밤이요!!!
정답! 아리가
수학만 잘 하는 게 아니었네~
다음 문제는 내가 냅니다!!
내 안에 내가 있고 또 내 안에 내가 있고
또 내 안에 내가 있는 도형은?
내 안에 내가
계속 있다고?
모르겠지?
예전에 시에르핀스키가 의뢰했던
편지 내용과 비슷한 거 같은데?
우리가 직접 그려서
지오 코를 납작하게 해 주자!!
끄덕
끄덕

단서

수집하기

현장 단서

단서 "내 안에 내가 있고 또 내 안에 내가 있다."

큰 도형 안을 확대하면 같은 모양의 도형이 나오고 또 그 도형을 확대하면 또 같은 모양의 도형이 나오게 그린다.

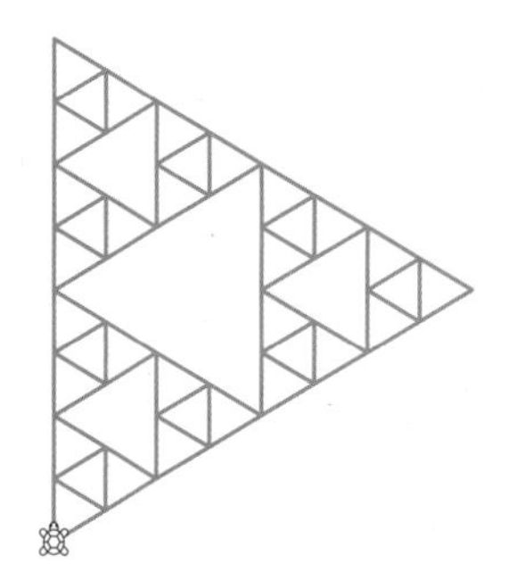

수학 단서

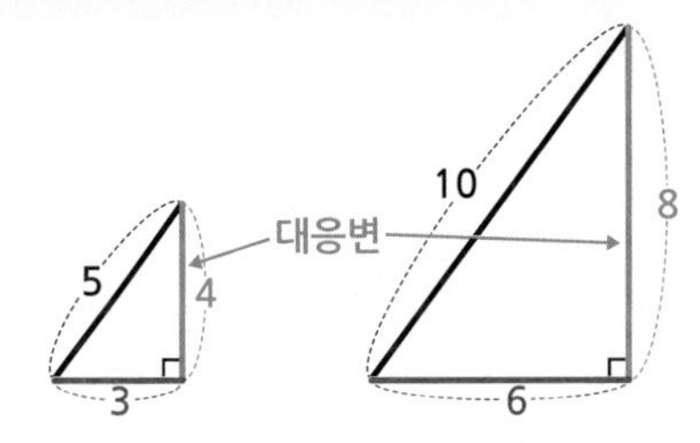

모양은 같지만 크기가 달라서 한 쪽을 확대하거나 축소했을 때 같아지는 두 도형을 **닮음**이라고 한다.

⇒ 대응변 사이의 길이의 비를 **닮음비**라고 한다.

$$4 : 8 = 3 : 6 = 5 : 10 = 1 : 2$$

알지오매스 단서

임무 수행	도구 선택
거북이 만들기	구성 → (0 , 0)에 거북이 "T" 만들기 도형을 그려줄 아이콘 그리기
변 그리기 거북이 이동하기	동작 → "T" 를 앞으로 8 만큼 이동하기 삼각형의 다양한 변의 길이만큼 이동하기
각 만들기 거북이 회전하기	동작 → "T" 를 왼쪽 으로 90 만큼 회전하기 한 내각(또는 외각)의 크기만큼 회전하기
반복하기	제어 → 10 회 반복 하기 같은 과정은 묶어서 필요한 만큼 반복하기

1단계 한 변의 길이가 8인 정삼각형 그리기

❶ 화면 왼쪽 메뉴에서 ( )을 선택하여 블록코딩 창을 열어 줍니다.

❷ (0, 0)에 거북이 'T'를 만들 블록을 조립합니다.

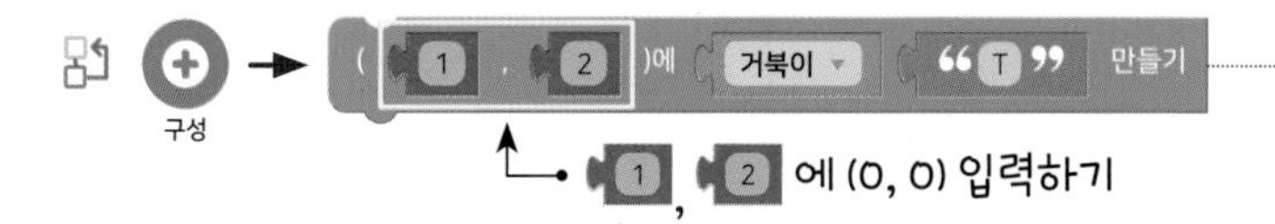

❸ 거북이가 앞으로 8만큼 이동, 오른쪽으로 120˚만큼 회전하기 위해 블록을 조립합니다.

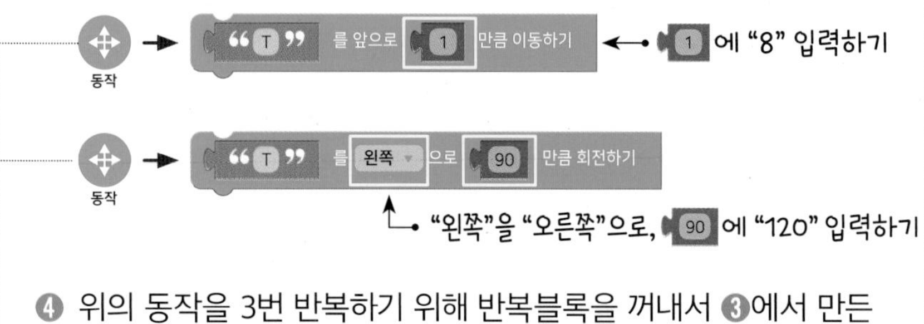

❹ 위의 동작을 3번 반복하기 위해 반복블록을 꺼내서 ❸에서 만든 블록을 끼워 조립합니다.

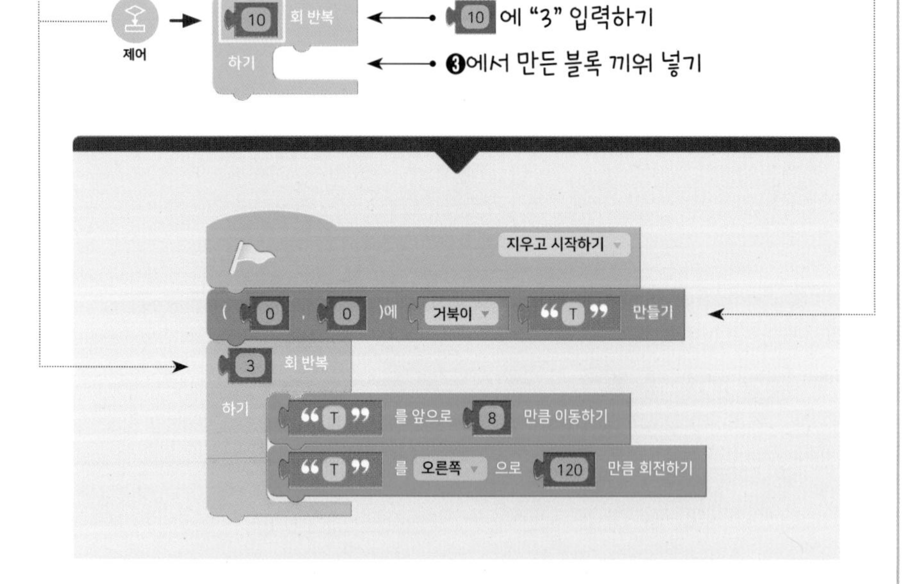

❺ 화면 아래 에서 을 클릭하고, 만들어진 정삼각형을 확인합니다.

1단계

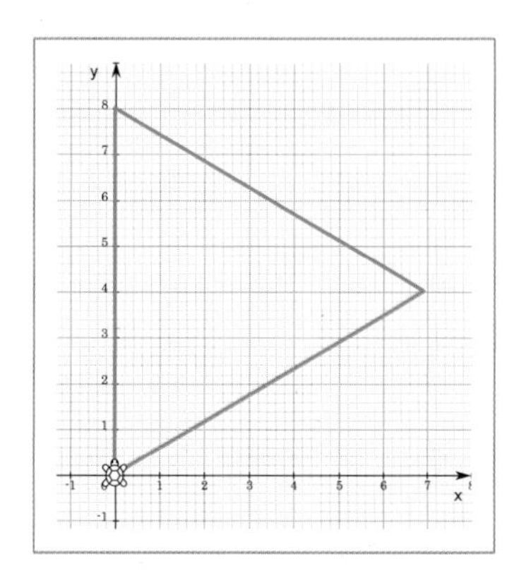

정삼각형을 그릴 거니까
거북이는 외각의 크기인
120˚만큼 회전하면 되는
거 다들 알고 있지?

현재 진행 방향(①)에서
다음 진행 방향(③)으로
120˚만큼 회전!

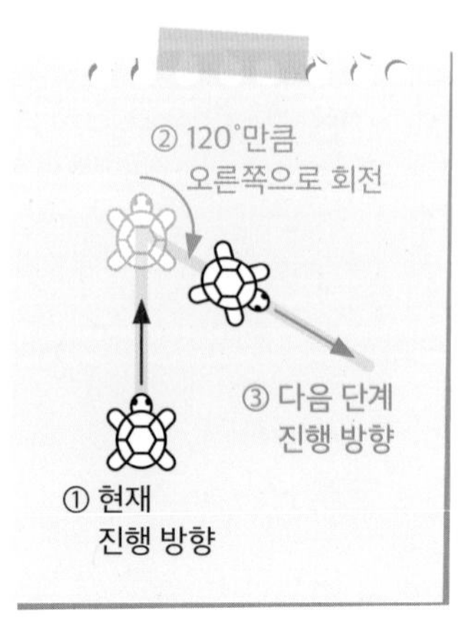

2단계 한 변의 길이가 4인 정삼각형 그리기

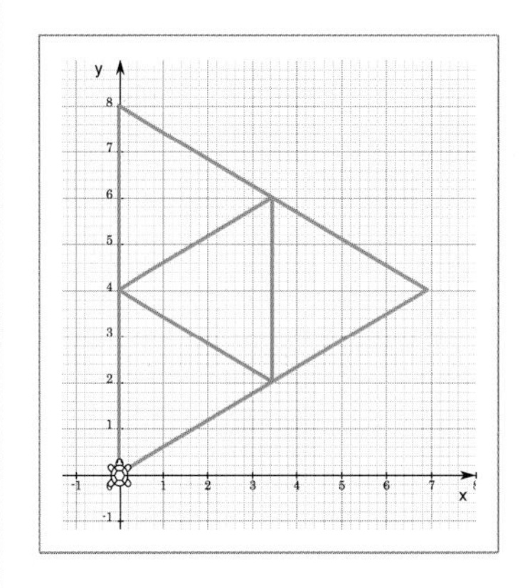

❶ **<1단계>**의 노란색 반복블록을 복제하고, 거북이를 4만큼씩 이동시키도록 복제한 블록에서 동작 블록의 숫자를 바꿔 줍니다.

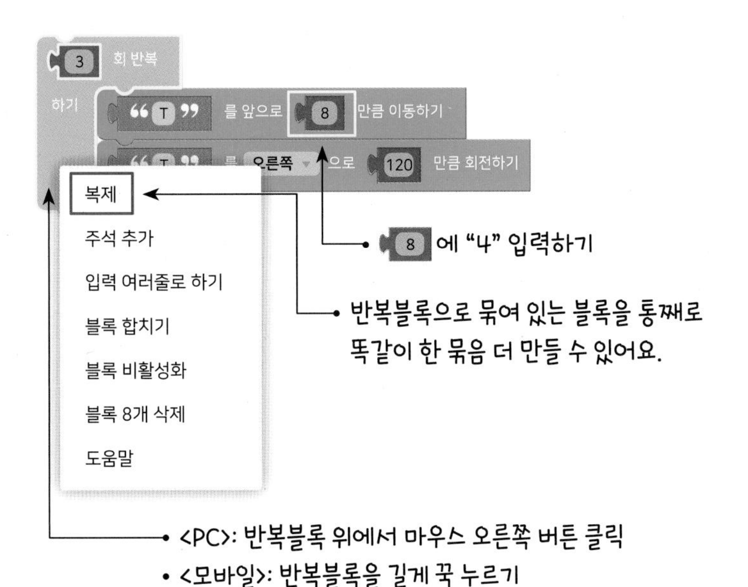

❷ ❶에서 만든 블록을 **<1단계> ❹**에서 만든 반복블록 안에 끼웁니다.

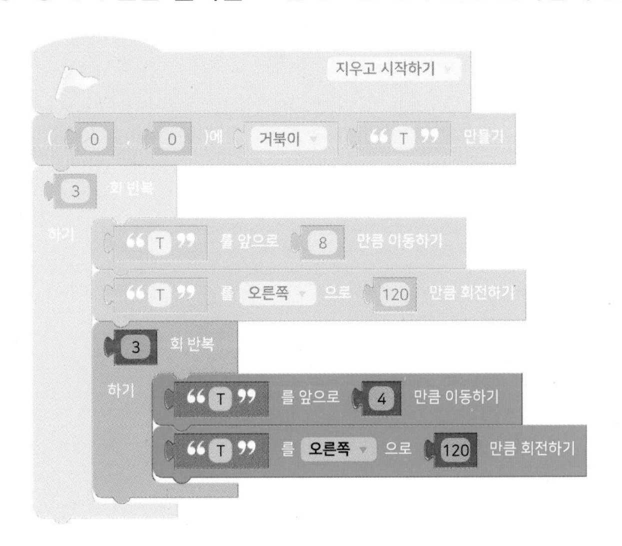

그냥 앞에서 만든 반복블록 아래에 붙이면 안 돼?

삼각형 안에 더 작은 삼각형을 넣는 거니까, 〈1단계〉에서 만든 블록 안쪽에 끼워 넣는 거야!

3단계 한 변의 길이가 2인 정삼각형 그리기

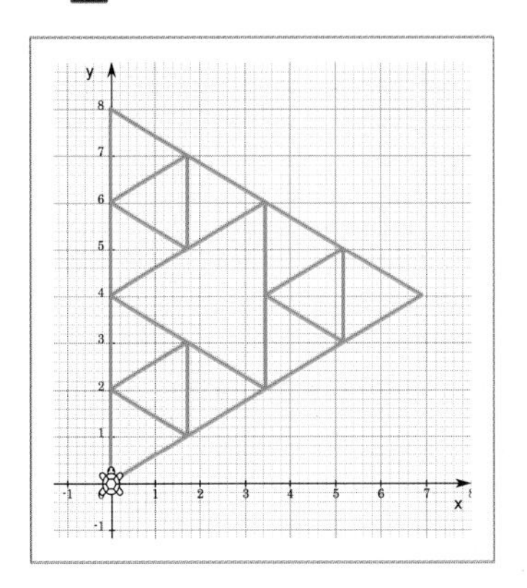

❶ **<2단계>**에서 만들었던 반복블록을 복제해서 거북이를 2만큼 이동시키는 블록을 만듭니다. ※ <2단계> ❶번을 참고하세요.

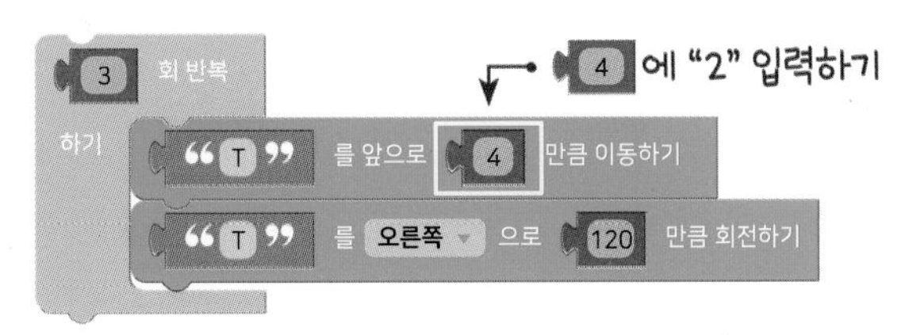

❷ ❶에서 만든 블록을 **<2단계>**에서 만든 반복블록 안에 끼웁니다.

```
지우고 시작하기
( 0 , 0 )에 거북이 "T" 만들기
3 회 반복
하기
    "T" 를 앞으로 8 만큼 이동하기
    "T" 를 오른쪽 으로 120 만큼 회전하기
    3 회 반복
    하기
        "T" 를 앞으로 4 만큼 이동하기
        "T" 를 오른쪽 으로 120 만큼 회전하기
        3 회 반복
        하기
            "T" 를 앞으로 2 만큼 이동하기
            "T" 를 오른쪽 으로 120 만큼 회전하기
```

변의 길이를 8, 4, 2, ...
이렇게 계속해서 반으로 줄이고
있는 거, 눈치챘지?
닮음비가 2:1인 삼각형을
안쪽에 계속해서 그리고
있는 거라고~!

4단계 한 변의 길이가 1인 정삼각형 그리기

❶ <3단계>에서 만들었던 반복블록을 복제해서 거북이를 1만큼 이동시키는 블록을 만듭니다. ※ <2단계> ❶번을 참고하세요.

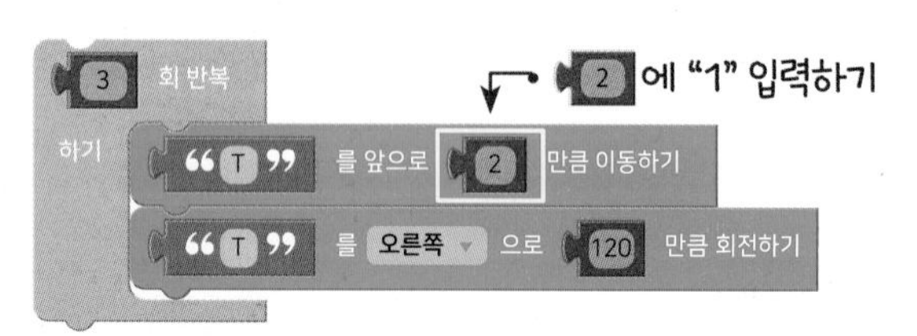

4단계

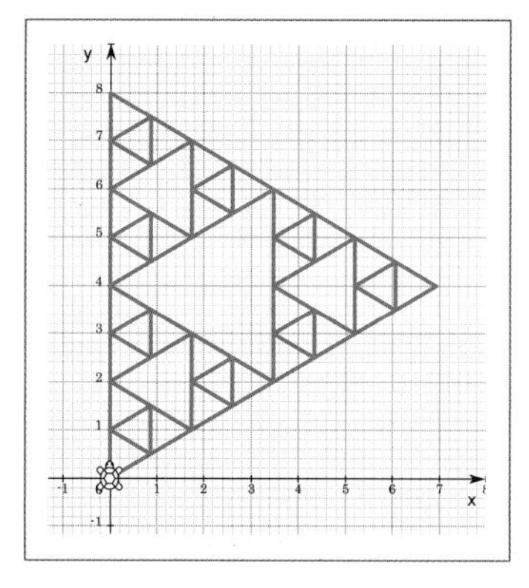

잠깐!

화면 속 모든 정삼각형은 크기가 달라도 모양이 같아서 확대하거나 축소하면 완전히 겹쳐지게 돼요. 그래서 모든 정삼각형은 서로 닮음이라고 할 수 있지요. 이런 닮음인 도형들에서는 대응변의 길이의 비로 닮음비를 표현한답니다.

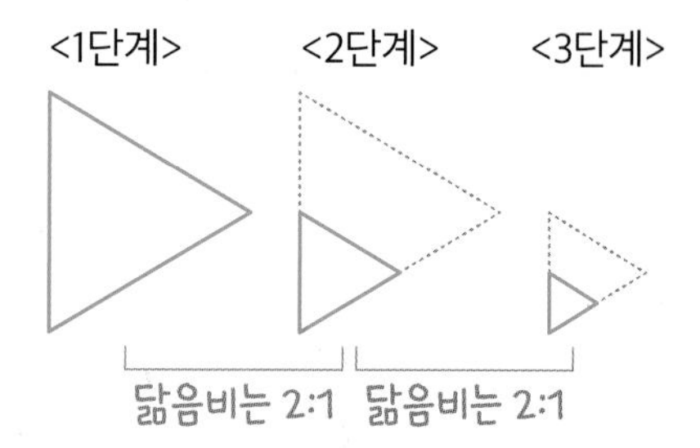

우리가 지금까지 그린 정삼각형에서는 닮음비 2:1을 계속 찾을 수 있겠지요?

❷ ❶에서 만든 블록을 **<3단계>** 반복블록 안에 끼웁니다.

```
지우고 시작하기
( 0 , 0 )에 거북이 "T" 만들기
3 회 반복
하기
    "T" 를 앞으로 8 만큼 이동하기
    "T" 를 오른쪽 으로 120 만큼 회전하기
    3 회 반복
    하기
        "T" 를 앞으로 4 만큼 이동하기
        "T" 를 오른쪽 으로 120 만큼 회전하기
        3 회 반복
        하기
            "T" 를 앞으로 2 만큼 이동하기
            "T" 를 오른쪽 으로 120 만큼 회전하기
            3 회 반복
            하기
                "T" 를 앞으로 1 만큼 이동하기
                "T" 를 오른쪽 으로 120 만큼 회전하기
```

그럼 난 변의 길이가 $\frac{1}{2}$인 삼각형도 그려 볼래!
$\frac{1}{2}$은 어떻게 입력해?

오호! 도전인가?
1/2로 입력하면,
컴퓨터는 $\frac{1}{2}$로 받아들여.

잠깐!

삼각형을 더 그리고 싶은데, 변의 길이가 분수로 나와서 어렵다고요? 그럼 <1단계>에서 첫 정삼각형을 그릴 때, 더 큰 도형을 그려서 시작하면 돼요. 계속 반으로 줄인 삼각형을 더 그릴 거니까, 가장 작은 삼각형의 한 변의 길이를 1로 정하면, 한 변의 길이가 1, 2, 4, 8, 16, 32, ...로 커지는 정삼각형을 그린다고 생각하면 되는 거죠.
<1단계>에서 한 변의 길이가 32인 정삼각형을 그리면, 좀 더 빽빽한 모양의 도형을 만들어 볼 수 있겠지요?

변의 길이가 $\frac{1}{2}$인 것까지 완성!!

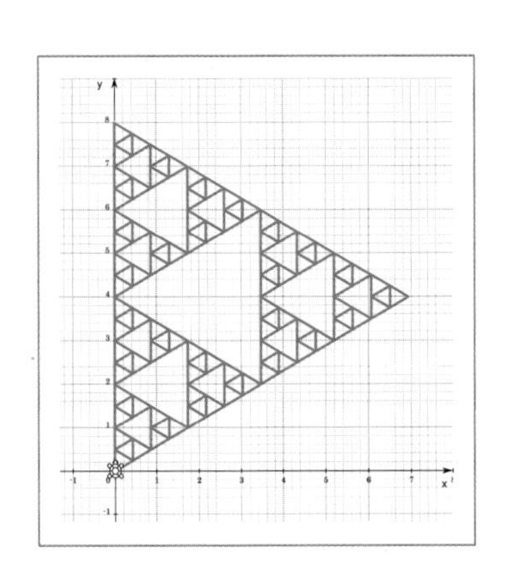

와! 한 번 더 그리니까,
더 멋지네!

알지오 수학 탐정단

사건번호 | 3-4

오늘은 미스터리 퀴즈를 풀었다.
내 안에 내가 있고 또 내 안에 내가 있는, 말만 들어도 으스스한 자기 닮음의 도형은 무엇일까?

프랙탈

① 부분과 전체가 닮아 있어, 어느 부분을 확대해도 전체와 닮은 형태가 무한히 되풀이되는 구조로 이루어진 도형

② 닮음과 반복이 특징이다.

③ 오늘 우리가 만든 프랙탈 삼각형도 5단계, 6단계, ... 단계를 계속 반복하여 만들 수 있다.

닮음비

① 닮음인 도형들의 대응변의 길이를 비로 나타낸 것

② 오늘 우리가 만든 삼각형의 닮음비는 전부 2:1이다.

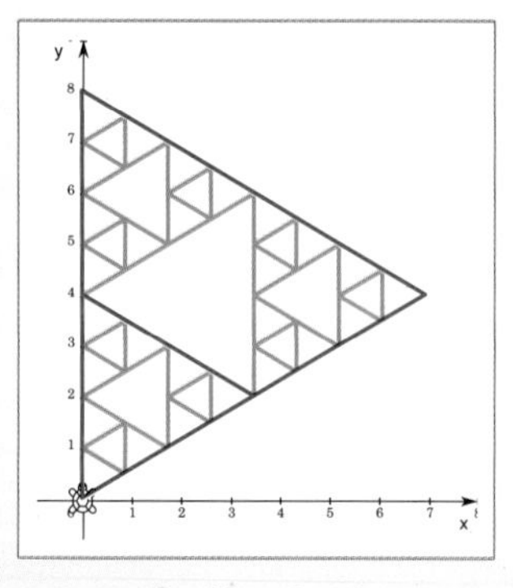

8 : 4 = 2 : 1

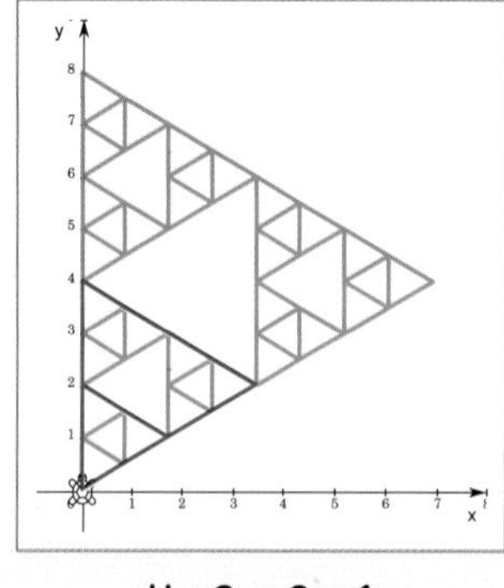

4 : 2 = 2 : 1

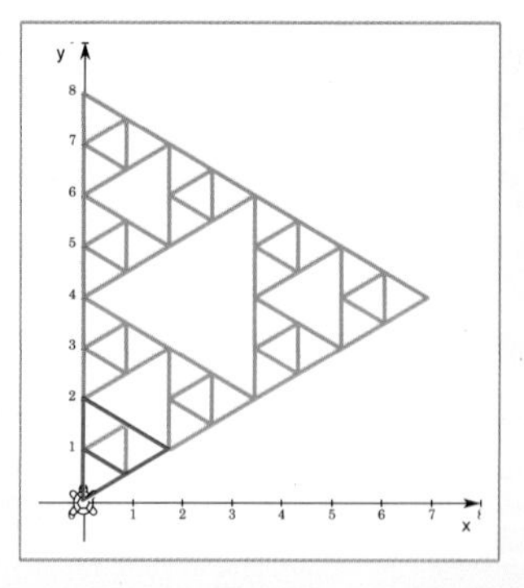

2 : 1

사건 총평

프랙탈이란 말이 엄청 어려워 보였는데 막상 알지오매스로 직접 그려 보니
굉장히 흥미로운 구조라는 생각이 들었다. 다음에는 더 다양한 프랙탈 도형을 그려 보고 싶다.

의뢰인의 편지

안녕하세요? 오늘의 퀴즈 출제자인 저 지오가 우리 탐정단 대원들에게 편지를 써 봅니다.

프랙탈이란 말을 처음 들었을 때는 무척 어려웠지만 직접 알지오매스로 그려 보니 신기하고 참 재밌죠? 이 프랙탈이라는 말은 1975년 브누아 망델브로라는 학자가 처음으로 사용하기 시작했어요.

망델브로는 자연 속에 숨어 있는 프랙탈을 연구하여 자신만의 이론을 완성하였답니다. 이후 정말 많은 프랙탈이 발견되었는데요. 제가 몇 가지 예시를 보여 드릴게요! 예시를 참고해서 여러분들도 주변에서 다양한 프랙탈을 찾아보세요.

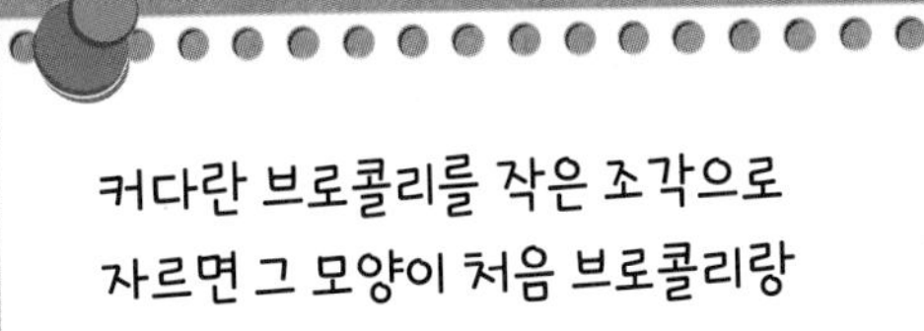

커다란 브로콜리를 작은 조각으로 자르면 그 모양이 처음 브로콜리랑 매우 비슷하죠!

번쩍번쩍 번개도 자세히 보면 전체와 부분의 모습이 매우 닮았어요!

고사리의 전체 모습과 부분의 모습이 매우 비슷해요!

단 원	4학년 2학기 / 사각형
개 념	마름모
난이도	★★★★★

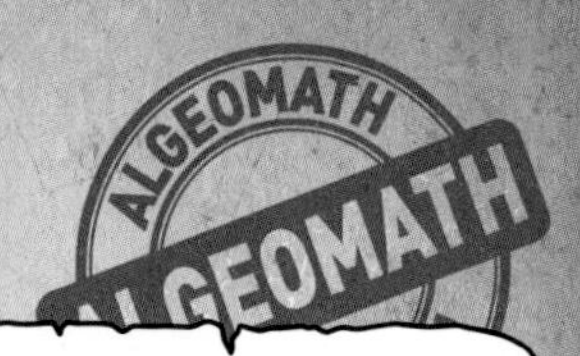

마름모 수영장
청소 대작전

사건번호 3-5

메일로 사건 의뢰가 들어왔어!
타닥!
메일함
답장하기
삭제
딸칵!
안녕하세요? 저는 다이아 수영장 대표 마름모라고 합니다.
모든 지점의 수영장들이 각기 다른 마름모 모양을 하고 있는 것으로 유명한 회사랍니다.
이번에 저희 수영장에서 물걸레 로봇 청소기를 도입하려고 하는데

우리 수영장들의 마름모 형태가 지점마다 달라서 자동 로봇청소기 만드는 게 어렵다고 하네요. 도와주실 수 있나요?
딸칵!
흠... 로봇이 수영장마다 다르게 움직일 수 있게 해야 할 것 같은데...
원하는 만큼 반복해서 청소도 해야 하고...

맞아! 일정한 값이 아닐 때 쓰는 코딩의 비법이 있지!
짜잔!
변수
!?
이번엔 변수를 활용해 보자!
타다닥...
새로운 기능이네? 신난다!!

단서
수집하기

현장 단서

단서 1 다양한 형태의 마름모 수영장

일정한 값이 아니므로 변수를 활용하자.

마름모의 성질을 활용하자.

단서 2 로봇청소기를 만든다.

청소는 여러 번 해야 하니 반복블록을 활용하자.

수학 단서

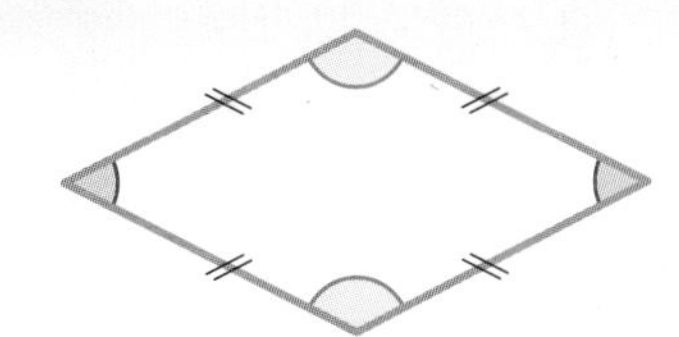

마름모는 **네 변의 길이**가 **같은** 사각형으로, 마주 보는 **각의 크기가 서로 같다.**

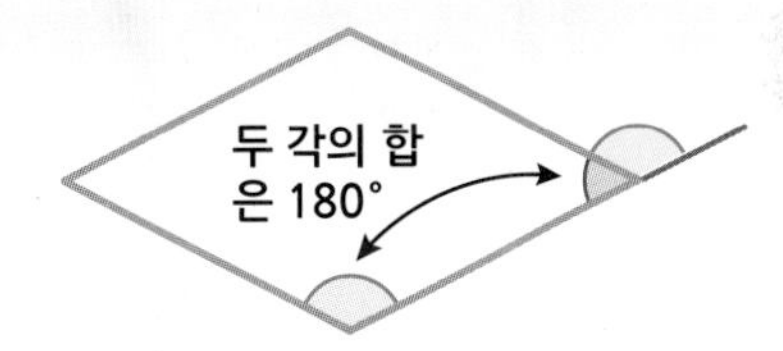

서로 이웃하는 각의 크기의 합은 언제나 **180°**인 것도 체크!

알지오매스 단서

임무 수행	도구 선택
알봇 만들기	구성 → (1 , 2)에 알봇 " T " 만들기 도형을 그려줄 아이콘, 알봇 만들기
변수 사용하기	변수 → i 를 3 로 설정 마름모는 무엇에 따라 모양이 달라질까?
메시지 활용하여 수 입력하기	텍스트 → 메시지를 활용해 수 입력 " 메시지! " 매번 달라지는 조건을 어떻게 확인하지?

1단계 알봇 만들고 변수 설정하기

❶ 화면 오른쪽 위 환경설정( )에서 그리드 보기 설정을 끕니다.

❷ (0, 0)에 알봇 'T'를 만들 블록을 조립합니다.

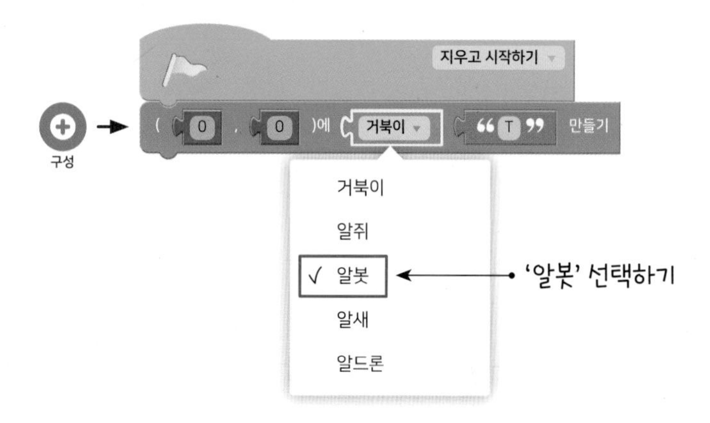

❸ 서로 다른 마름모 모양 수영장의 한 변의 길이를 입력하기 위해, 변수 블록을 만듭니다. 이때, 3 이 있는 위치에 텍스트 상자를 끼워 넣습니다.

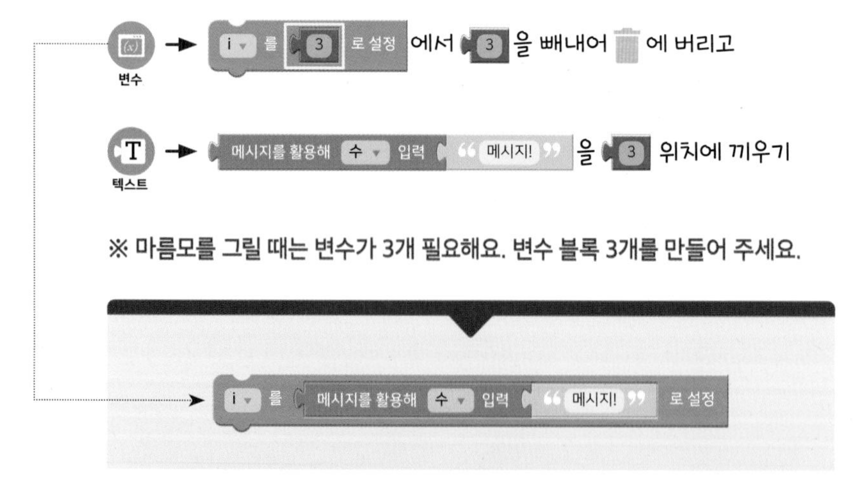

❹ 각 지점의 수영장 마름모의 크기에 따라 한 변의 길이와 이웃하는 두 각의 크기가 각각 달라져야 하므로 변수를 3개 만듭니다.

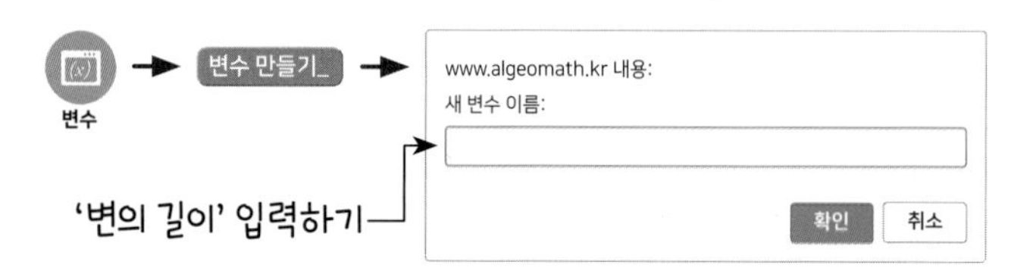

1단계

❷

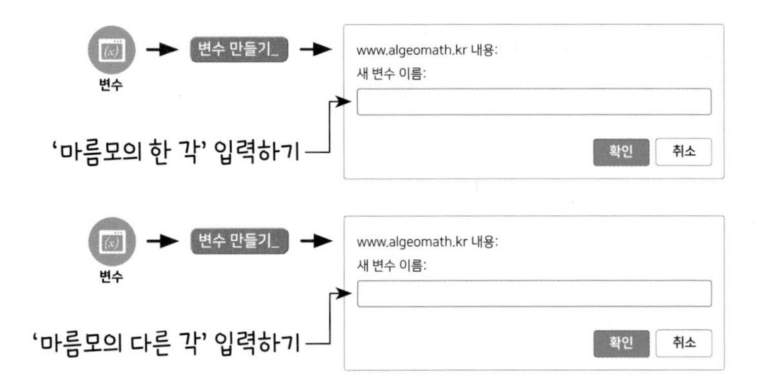

❺ ❸에서 만든 블록에서 [i ▾]를 '변의 길이'로 변경하고, [" 메시지! "]를 '변의 길이'로 변경합니다.

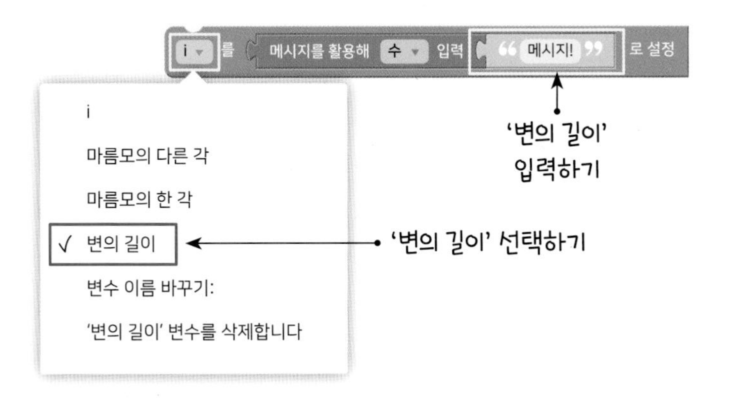

❻ 아래 조립된 블록처럼 ❺의 과정을 반복하여 나머지 블록도 차례로 조립합니다.

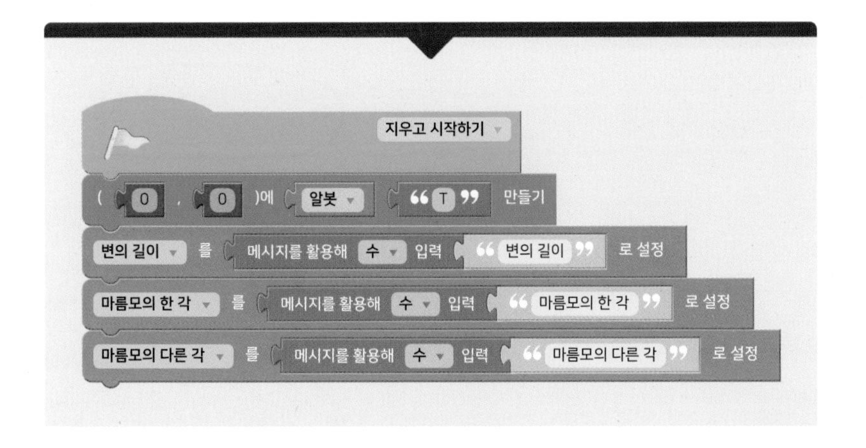

❼ 세 개의 팝업 창이 차례로 나타납니다.

❼ 화면 아래 (▶)을 클릭합니다. 화면에 나타나는 팝업 창의 빈칸에 원하는 숫자를 입력하고 [확인]을 클릭합니다.

※ 아직 기하 창에 그려지는 것은 없어요.

마름모는 네 변의 길이가 같고, 마주 보는 두 변이 서로 평행합니다. 따라서 입력하는 두 각의 크기의 합은 180°여야 합니다.

2단계 마름모의 반쪽 만들기

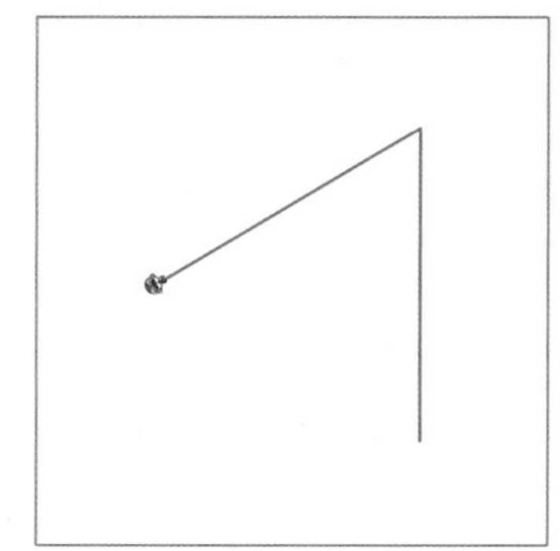

❶ 변수 블록을 2개 만듭니다.

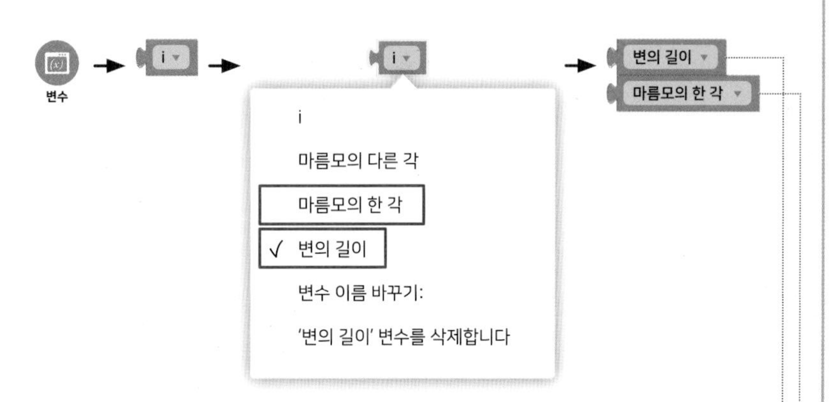

❷ 알봇이 '변의 길이'만큼 이동하도록 블록을 조립합니다.

❸ '마름모의 한 각'만큼 회전시키는 블록을 조립합니다.

동작 → "T" 를 왼쪽 으로 90 만큼 회전하기

마름모의 한 각 끼우기

❹ 다시 한 변의 길이만큼 이동시켜 마름모 반쪽을 만들 수 있도록 블록을 조립합니다.

지우고 시작하기
(0 , 0)에 알봇 "T" 만들기
변의 길이 를 메시지를 활용해 수 입력 "변의 길이" 로 설정
마름모의 한 각 를 메시지를 활용해 수 입력 "마름모의 한 각" 로 설정
마름모의 다른 각 를 메시지를 활용해 수 입력 "마름모의 다른 각" 로 설정
"T" 를 앞으로 변의 길이 만큼 이동하기
"T" 를 왼쪽 으로 마름모의 한 각 만큼 회전하기
"T" 를 앞으로 변의 길이 만큼 이동하기

나는 '마름모의 한 각'을 200°로 입력해야지~!

아리야!
'마름모의 한 각'에는 180°보다 작은 각(★)을 입력해야 해. '마름모의 다른 각'은 (180°−★)이라는 거! 잊지 말라구~

❺ 화면 아래 ▶을 클릭하면 나타나는 팝업 창에 마름모의 '변의 길이'와 '마름모의 한각', '마름모의 다른 각'을 차례로 한 번 더 입력하고 확인 을 클릭합니다.

3단계 마름모 완성하기

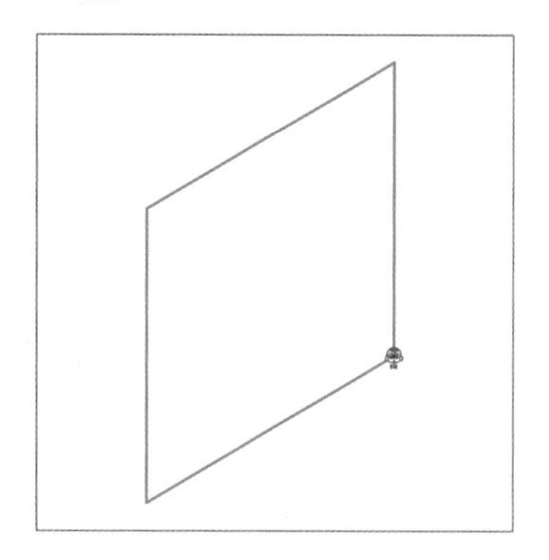

❶ 마름모의 다른 각만큼 회전시키는 블록을 조립합니다.

※ <2단계> ❸번을 참고하세요.

❷ <2단계>에서 반쪽을 그렸던 것처럼 나머지 반쪽을 똑같이 그려서 마름모를 완성하기 위해, 반복블록에 지금까지 만든 동작 블록 4개를 끼워 2번 반복합니다.

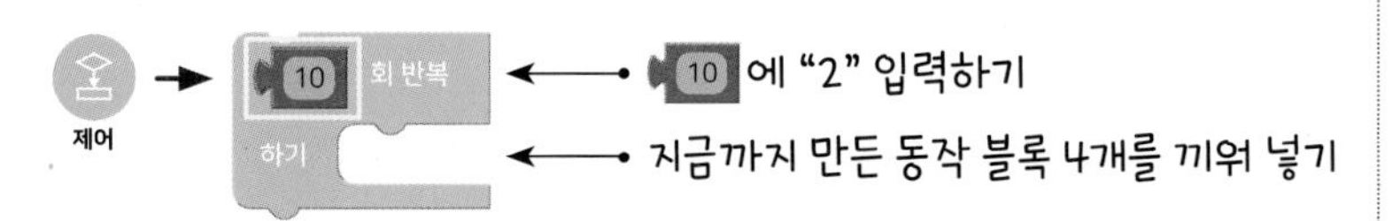

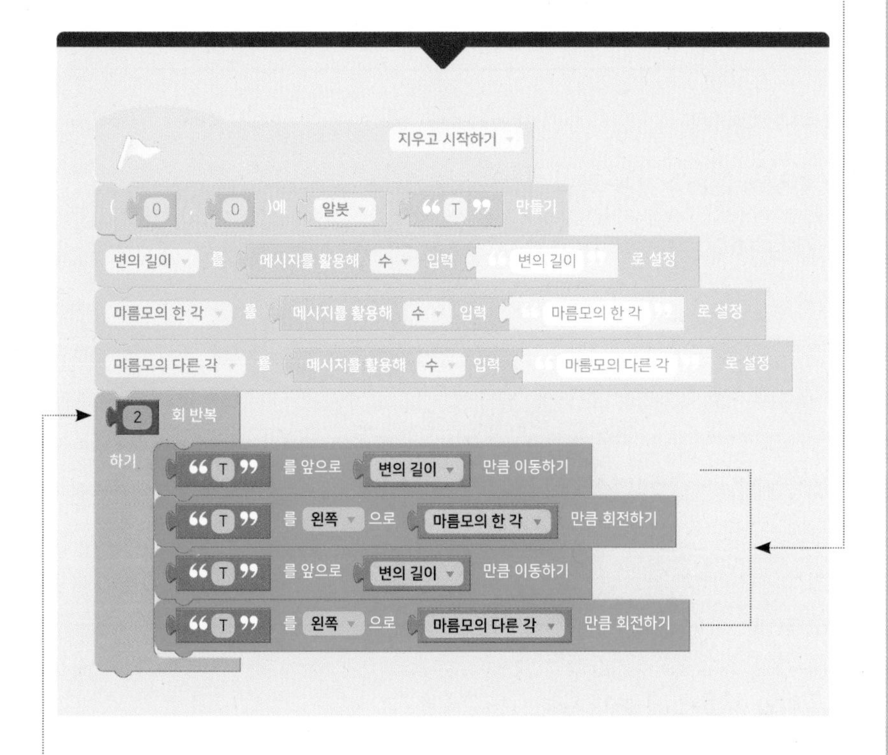

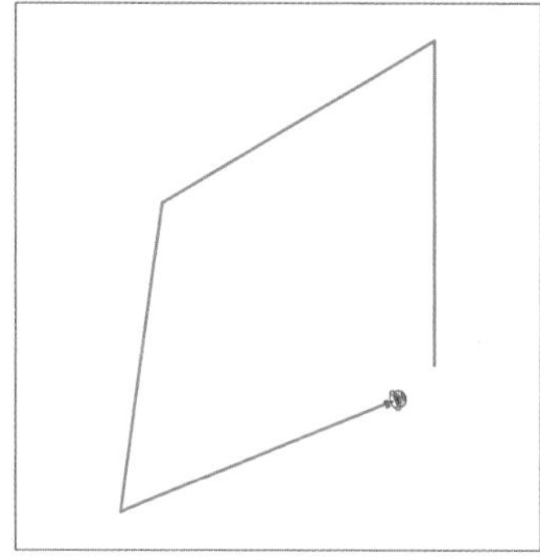

입력한 '마름모의 한 각'과 '마름모의 다른 각'의 합이 180°가 되는지 확인해 봐!

❸ 청소를 5번 하는 로봇청소기를 만들기 위해서 ❷번에서 만든 반복블록을 10회 반복하도록 수정합니다.

❹ 로봇청소기가 구석구석 잘 청소하는지 살펴보기 위해 화면 아래 에서 (자동 단계적 실행)을 클릭하여 확인합니다.

돋보기 왜 반쪽을 그려서 2번 반복하는 건가요?

마름모는 대각선을 대칭축으로 한 선대칭도형입니다. 그래서 <2단계>의 반쪽을 반대쪽에도 똑같이 그려주면 마름모가 완성됩니다.

알지오 수학 탐정단

사건번호 | 3-5

오늘은 물걸레 로봇청소기의 원리를 파헤쳤다. 이번 사건의 가장 큰 실마리는 바로 마름모의 성질과 변수의 사용이었다.

마름모의 성질

① 마름모는 네 변의 길이가 같은 사각형이다.

② 마름모의 마주 보는 변은 서로 평행하고 마주 보는 각의 크기는 서로 같다.

③ 마름모의 이웃한 두 각의 합은 항상 180°이다.

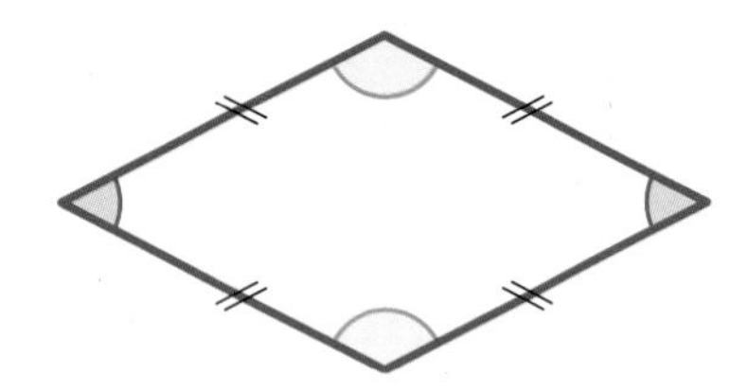

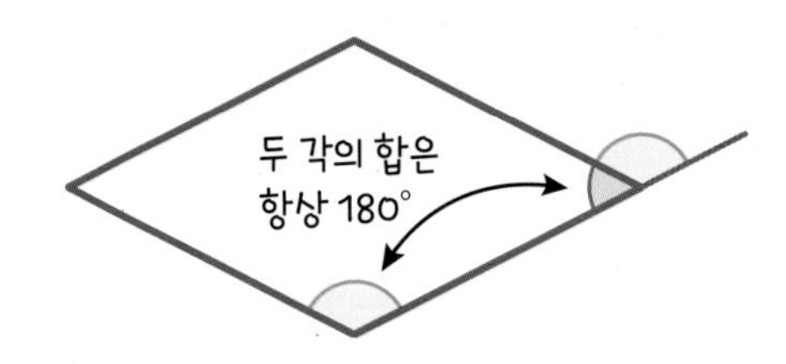

변수

① 알지오매스 코딩에서 다양한 길이와 각을 입력해야 하는 경우에는 변수 블록을 사용한다.

② 변수 블록을 사용하면 내가 원하는 숫자를 마음대로 바꿔가면서 입력할 수 있다.

사건 총평

변수라는 만능 블록을 알게 되었다. 수학과 코딩 실력이 한 단계 더 업그레이드 된 기분이다.

의뢰인의 편지

변수를 모르고 수학을 논하지 말라!

알지오 탐정단 여러분! 저는 이번 사건의 의뢰인 다이아 수영장 대표 마름모입니다. 여러분들 덕분에 수영장들이 매우 깨끗해졌습니다. 정말 감사합니다. 특히 '변수'를 사용해 로봇청소기 한 대만으로 다양한 형태와 크기의 수영장을 청소할 수 있어서 정말 편리했는데요. 그래서 제가 변수에 대해 좀 더 공부를 해 봤습니다. 여러분들도 저와 함께 변수의 전문가가 되어 보자고요!

변수는 값이 일정하게 정해지지 않아 원하는 대로 다양한 값을 가질 수 있습니다. 즉, 수가 계속해서 바뀔 수 있는 거죠. 이번 사건에서 우리 수영장의 한 변의 길이와 각의 크기처럼 말이죠.

변수는 다양한 문자와 그림으로 표현할 수 있습니다. 값이 정해지지 않은 수인 변수는 알파벳 i, x, y, z를 사용해 표현하기도 하고 ○, △, □처럼 그림으로 표현하기도 합니다. 또! 이번에 우리가 나타낸 것처럼 '변의 길이', '각의 크기' 혹은 '어떤 수'처럼 말로 표현할 수도 있습니다. 이처럼 변수를 표현할 수 있는 방법은 정말 다양하답니다.

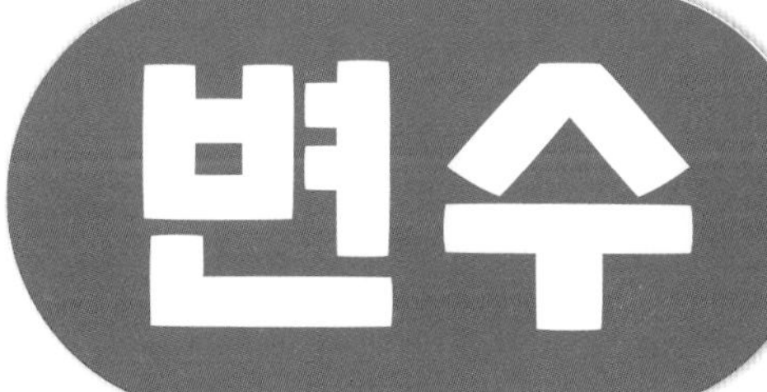

단 원	4학년 2학기 / 다각형 6학년 1학기 / 비와 비율
개 념	닮음, 정다각형의 한 내각의 크기
난이도	★★★★★

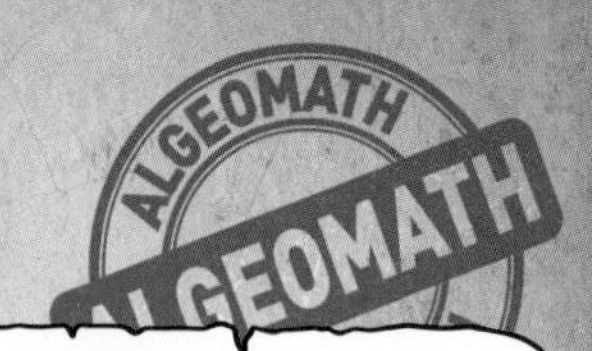

ALGEOMATH
ALGEOMATH

프랙탈 카펫 사장님의 고민

사건번호 3-6

사건이다!
이리 줘 봐!

알지오 수학 탐정단

공지사항 | 게시판 | 이벤트 | 문의하기

알지오 탐정님께
안녕하세요? 저는 카펫 가게 사장입니다.
요즘 저희가 열심히 만든 프랙탈 카펫의 복제품이
너무 많아 매출이 바닥을 치고 있어요.
그래서 더 이상 누구도 복제하지 못할
우리만의 독창적인 디자인으로
신제품을 출시해 보고 싶습니다.

이것이 우리가 수십 년 동안 사용해 온 디자인입니다.
삼각형 모양의 다른 프랙탈도 좋고
다른 다각형 프랙탈도 좋습니다. 제발 좀 도와주세요.

그때 그 퀴즈!
프랙탈 도형이잖아!

아하!

번뜩!

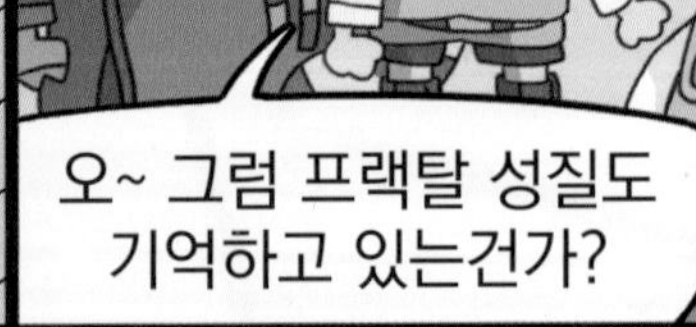

오~ 그럼 프랙탈 성질도
기억하고 있는건가?

부분과 전체가 닮아 있고...
또, 그 모양이 계속 반복된다...?!

호오!

오호~! 이번엔 아리가
도움 좀 되겠는데?

원래도 경감님보다 아리가 더
도움이 됐거든요!
쿠궁!
풉!

단서

수집하기

현장 단서

단서 1 삼각형 모양의 다른 디자인

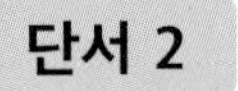

닮음비를 바꿔서
전혀 다른 삼각형 모양의
프랙탈 도형을 만들자.

단서 2 다른 다각형 모양의 디자인

다양한 정다각형을
활용하여 여러 가지 모양의
프랙탈 도형을 만들자.

수학 단서

1. 서로 닮음인 도형에서 대응변의 길이의 비를 **닮음비**라고 한다. 135쪽에서 만든 삼각형 프랙탈 속 삼각형들의 닮음비는 2 : 1이다.

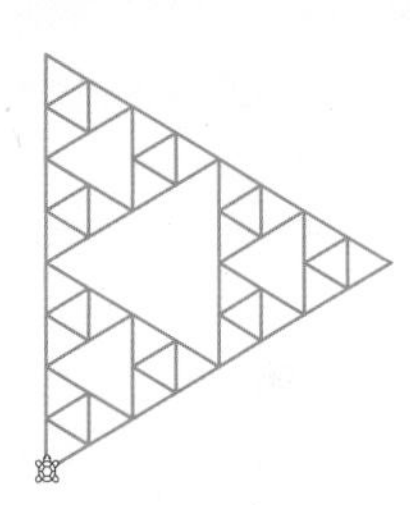

2. 정다각형의 한 내각과 외각의 크기는 다음과 같다.

정삼각형

120°
60°

정사각형

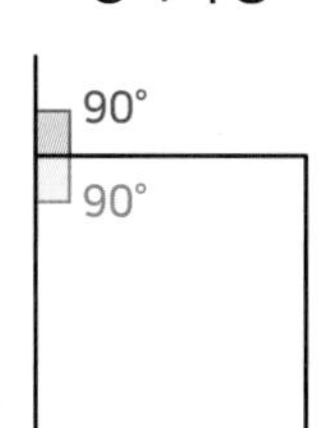

정오각형

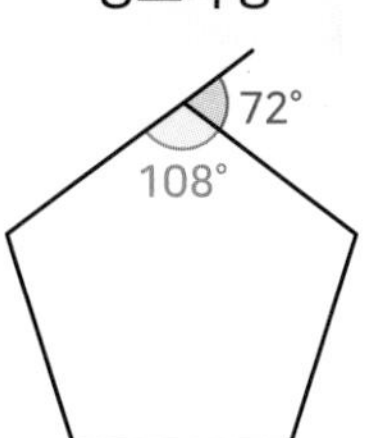

정육각형

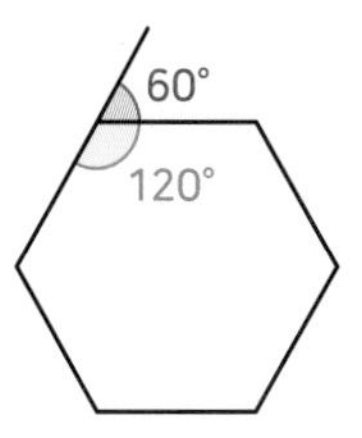

알지오매스 단서

임무 수행	도구 선택
반복하기	제어 → 10 회 반복 하기

다각형의 모양에 따라 반복 횟수 정하기

1단계 정삼각형 프랙탈 도형 만들기

❶ 화면 왼쪽 메뉴에서  을 선택하여 블록코딩 창을 열어 줍니다.

※ 프랙탈 도형 만들기가 처음인 친구들은 132~135쪽을 참고합니다.

잠깐!

환경설정(⚙)에서 그리드 보기 설정을 끄면 배경이 깔끔해져요.

❷ 다음과 같이 이동거리를 입력하여 블록을 조립합니다.

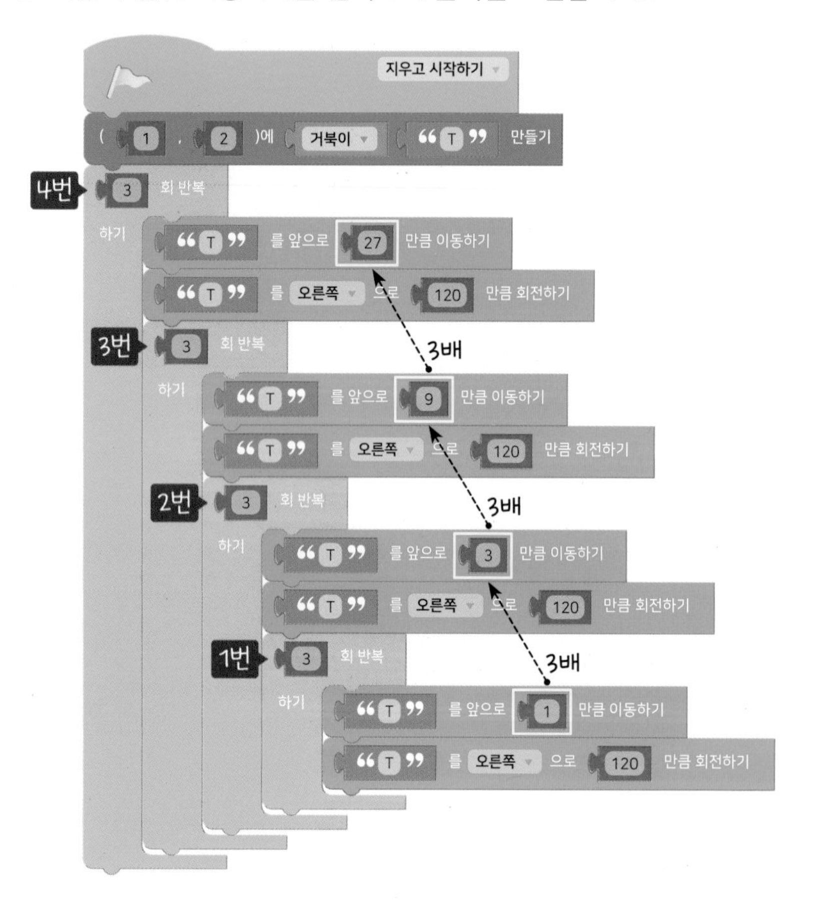

돋보기 거북이의 이동거리는 어떻게 구하나요?

<1단계> 프랙탈 도형의 닮음비는 3:1이기 때문에 거북이의 이동거리는 3배씩 커집니다. 닮음비가 4:1인 프랙탈 도형을 만든다면 거북이의 이동거리는 4배씩 커집니다.

1단계

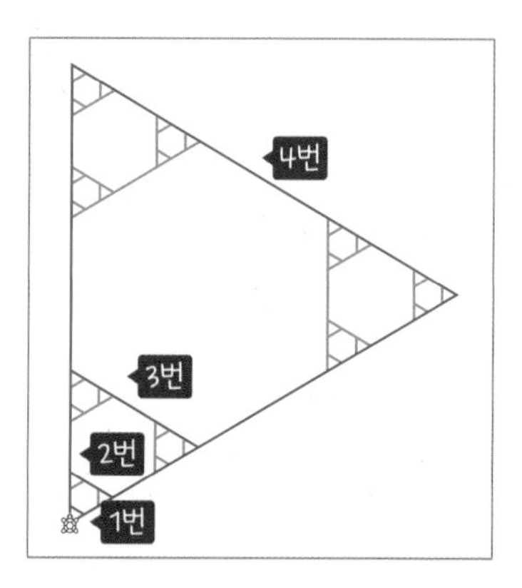

어우 복잡해…! 맨 안쪽부터 하나씩 보자. 1번은 1씩 이동, 그리고 120°만큼 회전하는 것을 3번 반복하니까 한 변의 길이가 1인 정삼각형을 그리는 거네!!

그렇지! 2번은 한 변의 길이가 3인 정삼각형을 그리는 거고, 3번과 4번은 한 변의 길이가 각각 9, 27인 정삼각형을 그리고 있는 거야.

그래도 안에서부터 차근차근 보니까 어렵지 않지?

2단계 정사각형 프랙탈 도형 만들기

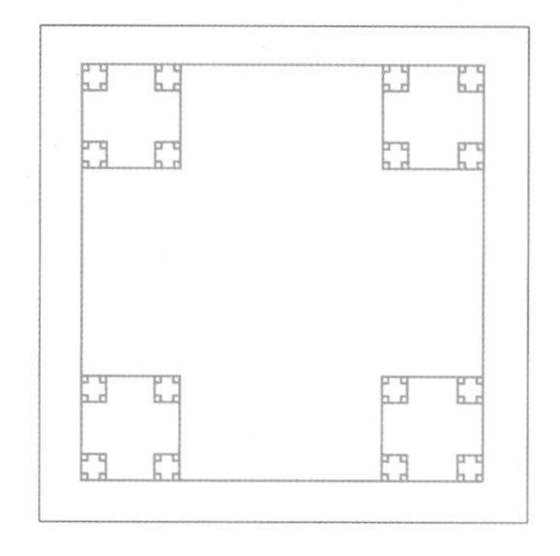

❶ <1단계>의 ❷에서 만든 블록을 그대로 두고, 정사각형과 정삼각형의 차이를 확인합니다.

※ 정삼각형의 외각: 120˚ → 정사각형의 외각: 90˚
정삼각형의 변의 개수: 3개 → 정사각형의 변의 개수: 4개

❷ ❶에서 찾은 차이점에 맞게 블록을 수정합니다. 사각형을 그려야 하므로 반복은 '4회', 회전 각도는 '90˚'로 변경합니다. 그리고 닮음비는 4 : 1이 되도록 합니다.

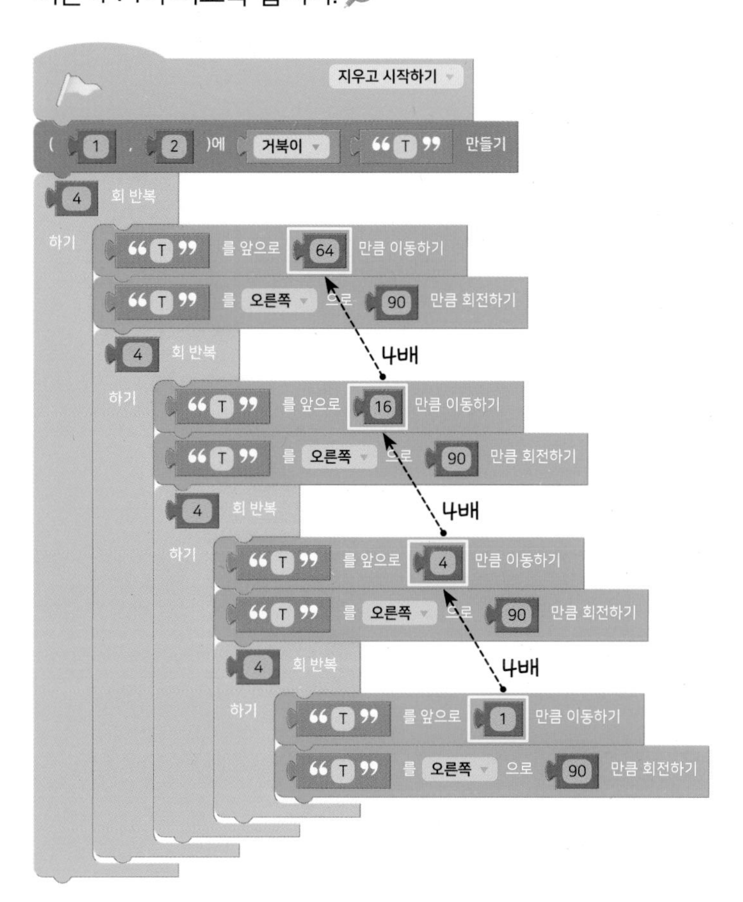

❸ 화면 아래 (⏯)(▶)(🔄)에서 (▶)을 클릭합니다.

돋보기 닮음비도 원하는 대로 바꿀 수 있어요.

위의 <2단계>에서 만든 사각형의 닮음비는 4:1입니다. 만약 닮음비를 3:1로 하면, 이동거리가 각각 27, 9, 3, 1만큼 설정된 블록으로 만들면 되겠죠? 그럼 오른쪽과 같이 <2단계>와는 다른 정사각형 프랙탈을 만들 수 있어요.

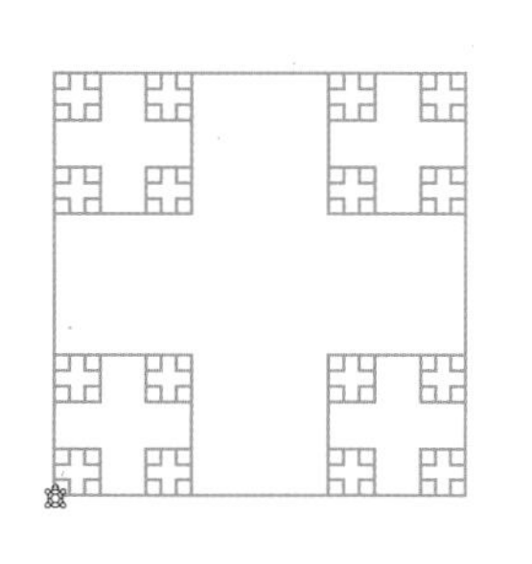

와! 그럼 나는 〈1단계〉
정삼각형 프랙탈도
닮음비를 바꿔 볼래!!
닮음비만 계산하면
정삼각형, 정사각형 프랙탈을
엄청 많이 만들 수 있네?

3단계 정오각형 프랙탈 도형 만들기

❶ <2단계>의 ❷에서 만든 블록을 그대로 두고, 정사각형과 정오각형의 차이를 확인합니다.

※ 정사각형의 외각 : 90° → 정오각형의 외각 : 72°
정사각형의 변의 개수 : 4개 → 정오각형의 변의 개수 : 5개

❷ ❶에서 찾은 차이점에 맞게 블록을 수정합니다. 정오각형을 그려야 하므로 반복은 '5회', 회전 각도는 '72°'로 변경합니다. 그리고 원하는 정오각형의 닮음비를 결정합니다.

※ 교재의 예시는 3:1입니다.

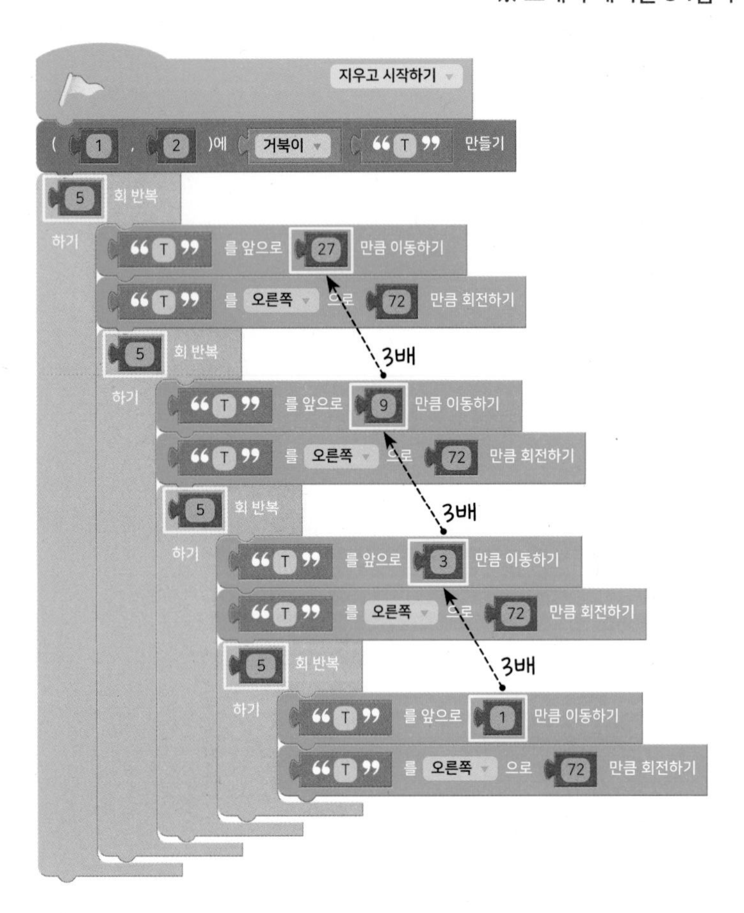

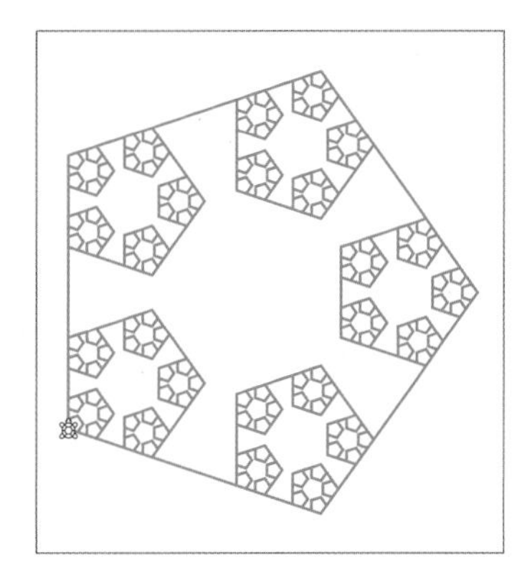

잠깐!

정오각형 프랙탈 도형을 만들 때, 이동거리를 각각 8, 4, 2, 1로 그리면 프랙탈 도형이 되지 않아요.
프랙탈 도형은 전체와 부분이 닮아 있어서, 어느 부분을 확대해도 전체와 같은 모양이 보여야 하는데, 오른쪽 모양을 보면 그렇지 않죠?

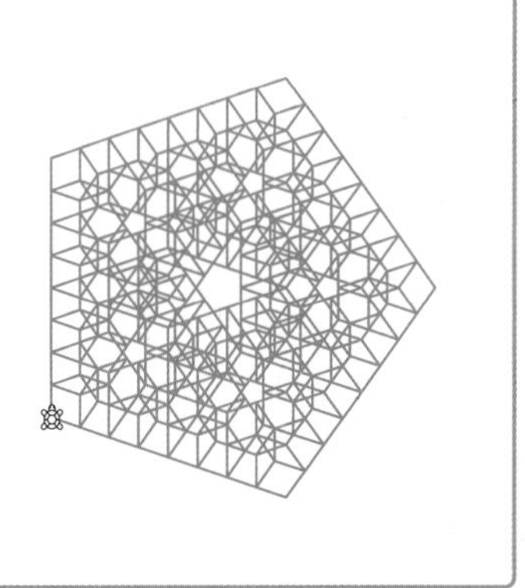

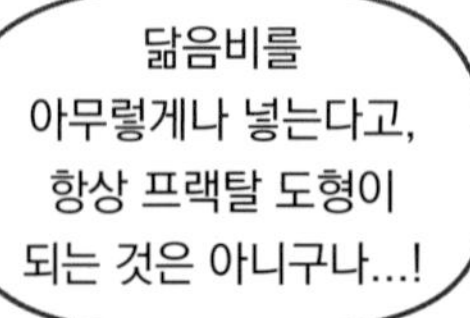

4단계 정육각형 프랙탈 도형 만들기

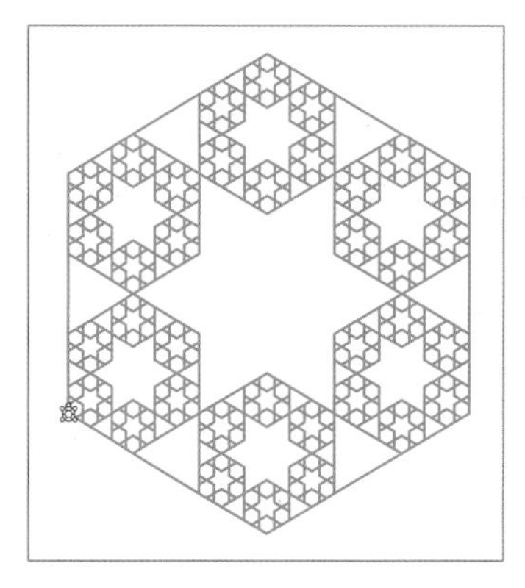

❶ <3단계>의 ❷에서 만든 블록을 그대로 두고, 이번에는 정오각형과 정육각형의 차이를 확인합니다.

※ 정오각형의 외각 : 72° → 정육각형의 외각 : 60°
정오각형의 변의 개수 : 5개 → 정육각형의 변의 개수 : 6개

❷ ❶에서 찾은 차이점에 맞게 블록을 수정합니다. 정육각형을 그려야 하므로 반복은 '6회', 회전 각도는 '60°'로 변경합니다. 그리고 원하는 정육각형의 닮음비를 결정합니다.

※ 교재의 예시는 3:1입니다.

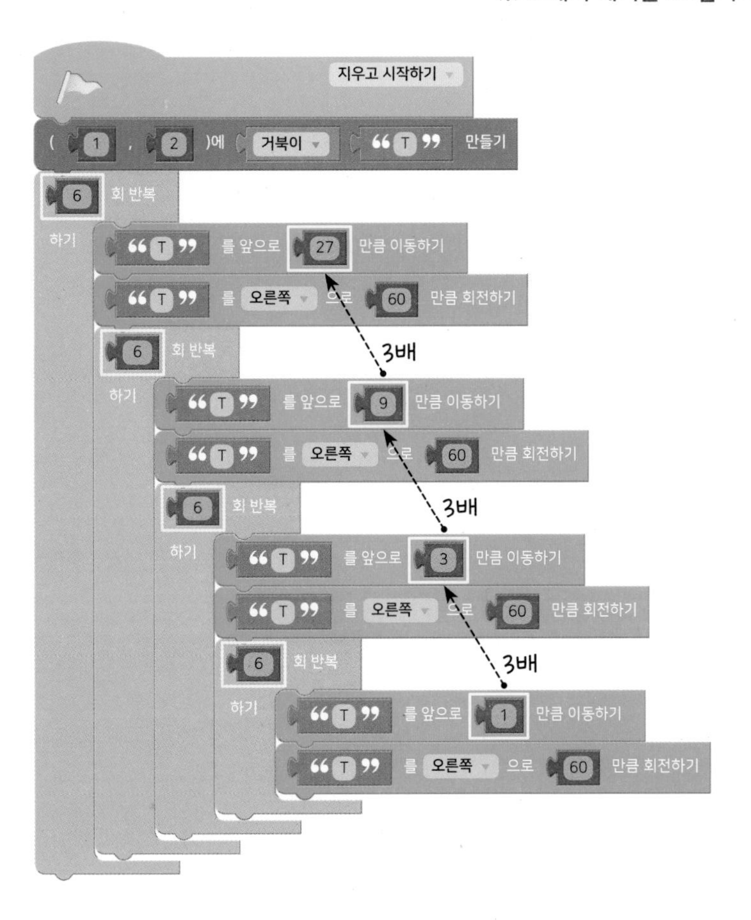

잠깐!

프랙탈 도형을 만들 때 필요한 3가지 정보!

① 몇 각형 프랙탈 도형을 그릴까? → 반복 횟수 결정

② 닮음비를 어떻게 할까? → 이동거리 (몇 배로 할 것인지) 결정

③ 외각의 크기는 얼마일까? → 회전할 각의 크기 결정

※ 정다각형의 외각의 크기는 360° ÷ (각의 개수)입니다.

우리 알지오
신입 탐정들이 만든
창의적인 프랙탈 작품들도
정말 궁금하다.

닮음비를 변형해서
다양한 카펫 도안을 만들어 보고,
우리 모둠에도 자랑해 봐~!

사건번호 | 3-6

오늘은 프랙탈 카펫 사장님의 고민을 해결해 드렸다. 지난 시간에 배운 프랙탈 도형의 특성을 활용하여 다양한 모양의 프랙탈 카펫을 만들었다.

프랙탈은 자기 닮음과 자기 복제의 특성을 가지고 있다.

다양한 프랙탈 도형

① 프랙탈 삼각형 도형에서도 닮음비에 따라 다양한 프랙탈 형태를 만들 수 있다.

② 다양한 정다각형에 알맞은 닮음비를 사용하면 각기 다른 프랙탈 도형을 만들 수 있다.

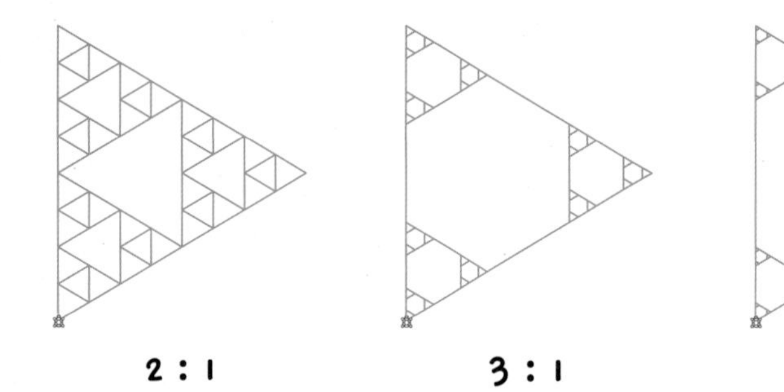

2 : 1 　　 3 : 1 　　 4 : 1

③ 단, 닮음비를 올바르게 맞춰 크기를 입력해도, 아래처럼 도형끼리 겹쳐서 전체 도형과 부분의 도형이 닮아 있지 않으면 프랙탈 도형이라 할 수 없다.

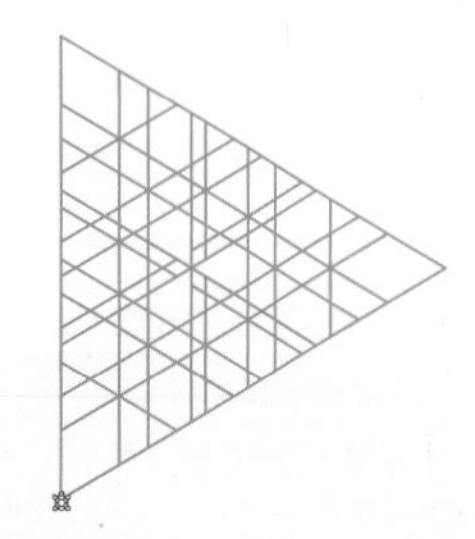

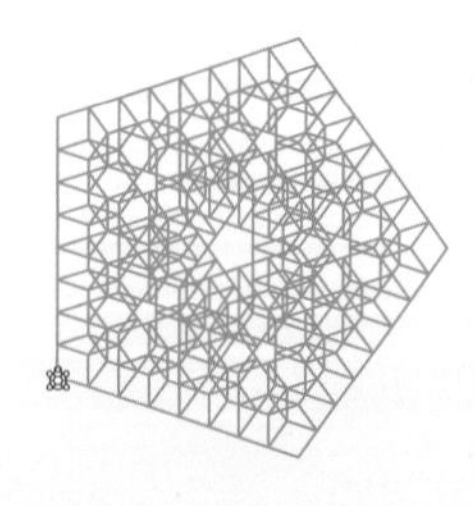

사건 총평

지난 사건에 이어 다양한 종류의 프랙탈 도형으로 사건을 해결했다. 이제는 어디 가서든 자신 있게 프랙탈 박사라 말할 수 있을 것 같다.

의뢰인의 편지

프랙탈 카펫을 업그레이드 해 볼까요?

알지오 탐정단 여러분! 저는 이번 사건의 의뢰인 프랙탈 카펫 사장입니다. 여러분 덕분에 우리 가게 카펫의 인기가 엄청 높아졌어요. 정말 감사해요!

그런데 워낙 다양한 디자인의 프랙탈 카펫 문의가 들어와서 아예 프랙탈 카펫 만능 기계를 만들고 싶어요. 혹시 숫자 1개만 입력하면 바로 멋진 정다각형 프랙탈 카펫을 만들어 주는 기계도 만들어 주실 수 있나요?

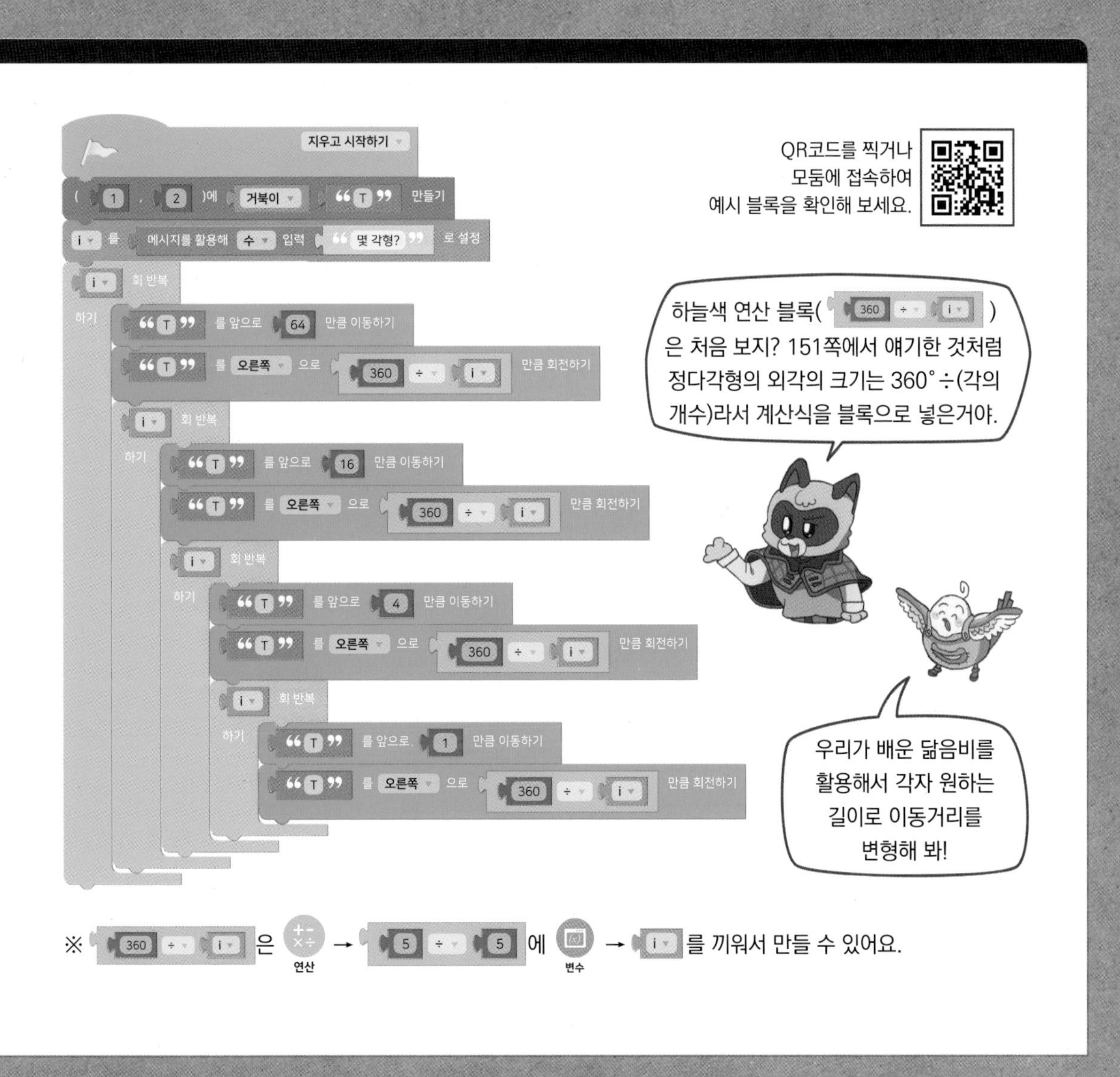

단 원	5학년 1학기 / 규칙과 대응
개 념	규칙, 대응 관계
난이도	★★★★★

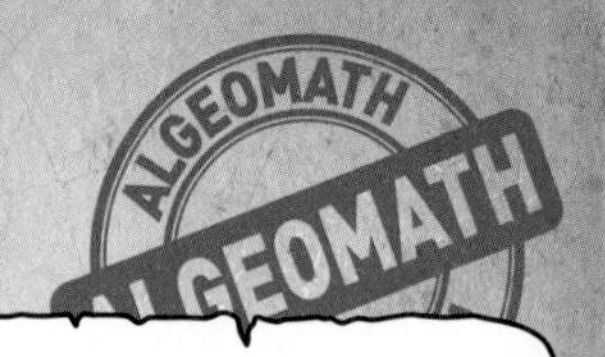

한여름 밤의 드림캐처

사건번호 3-7

단서

수집하기

현장 단서

단서 드림캐처를 만들기 위해서는 두 수 사이의 규칙을 찾아, 대응 관계를 만들어야 한다.

대응하는 수들의 같은 점과 다른 점을 비교하며 규칙을 찾자.

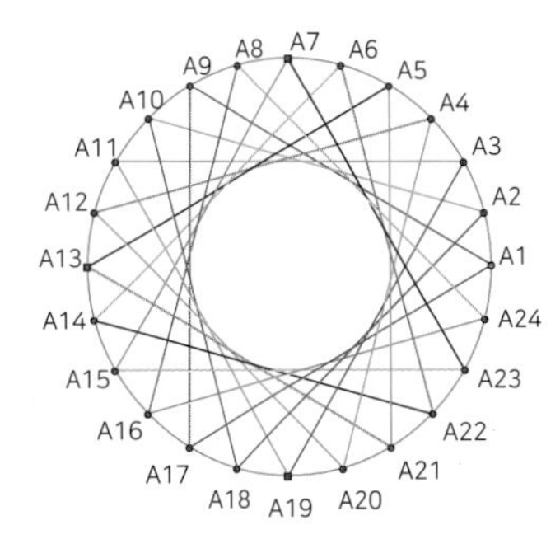

수학 단서

대응 관계는 규칙에 따라 대응되는 두 양 사이의 관계를 말한다.

$1 \times 4 = 4$

$2 \times 4 = 8$

$3 \times 4 = 12$

$4 \times 4 = 16$

$5 \times 4 = 20$

⋮

$\square \times 4 = ☆$

대응 관계를
기호로 표현하니까
훨씬 간단하네!

알지오매스 단서

임무 수행	도구 선택
선분 그리기	구성 → 두 점 "A" , "B" 으로 선분 "C" 만들기 대응하는 숫자들끼리 연결하여 선분 긋기
똑같은 과정을 각각 다른 위치에서 반복하기	제어 → 반복문(i = 1 ; i < 17 ; i += 1) 여러 가지 변수에 따라서 각각 다른 명령을 반복하기

도안 준비
모바일 QR코드 찍기
PC 모둠에서 열기

1단계 드림캐처 도안 준비하기

❶ 도안을 준비합니다. (오른쪽 참고)

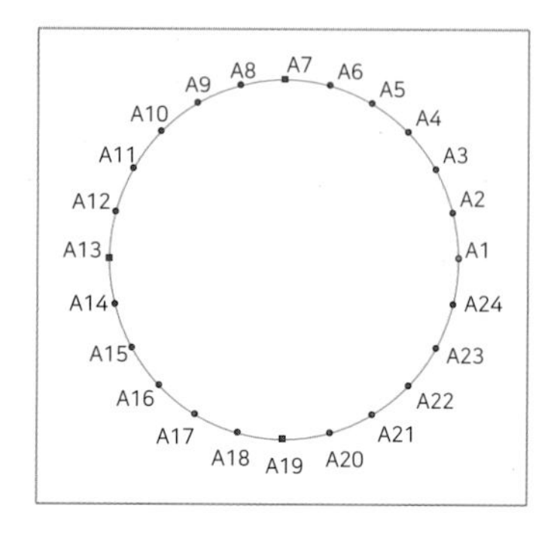

2단계 대응을 만들 선분 4개 그어보기

❶ 점 A1과 점 A9를 나타내는 텍스트 블록 2개를 각각 조립합니다.

※ 점 A2, 점 A3…과 같이 알파벳과 수가 함께 적힌 텍스트를 입력하기 위해 텍스트 더하기 블록을 사용합니다.

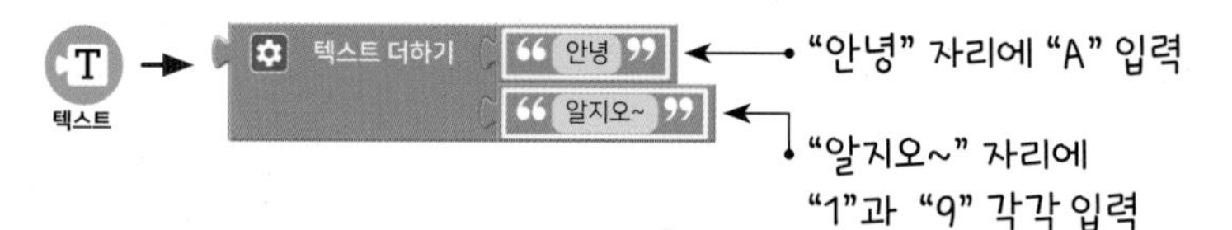

❷ 점 A1과 점 A9를 잇는 선분을 그어줄 블록을 조립합니다.

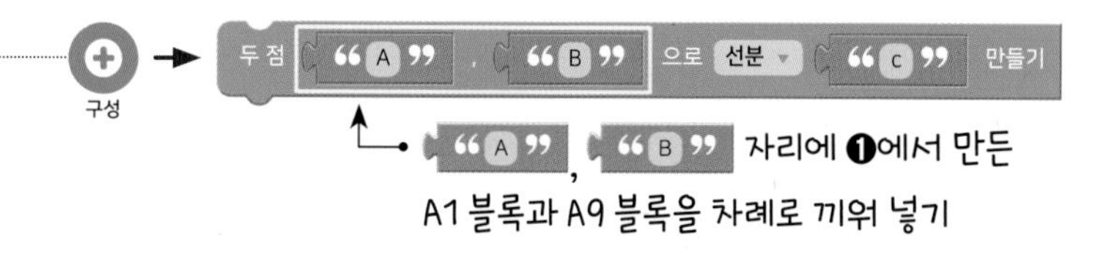

❸ 순서대로 점을 한 칸씩 옮겨가며 이어 줍니다.

※ 점 A2↔점 A10, 점 A3↔점 A11, 점 A4↔점 A12를 연결합니다.

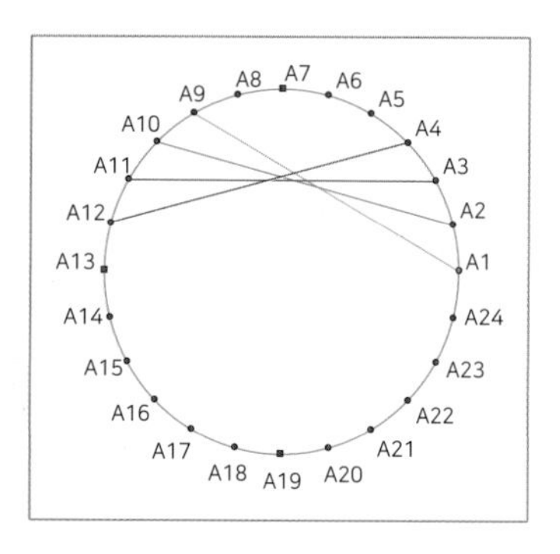

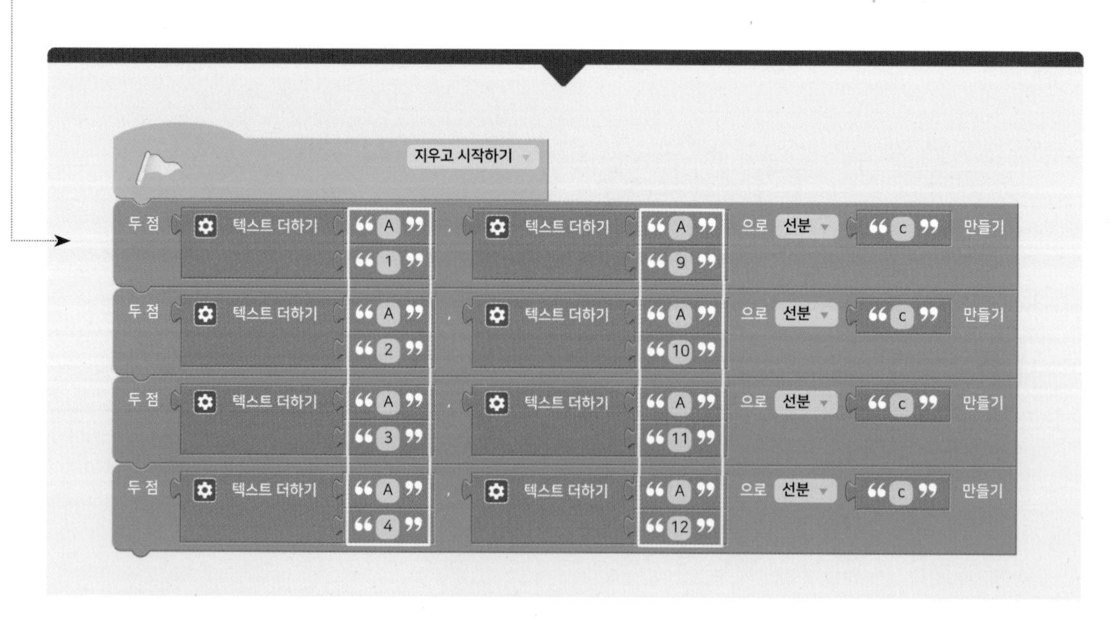

❹ 화면 아래 에서 을 클릭합니다.

3단계 반복하여 점 A1부터 점 A16까지 연결하기

❶ 선분으로 연결할 점 A△와 A□를 짝짓습니다.

A△	△	1	2	3	4	5	6	7	8
A□	□	9	10	11	12	13	14	15	16

❷ 일반 실행 블록만 남기고 모두 휴지통( )에 버린 뒤, 반복문 블록을 꺼냅니다. 점 A1부터 점 A16까지를 연결하는 선분을 계속해서 그어야 하므로, 0 과 10 블록의 수를 차례로 1, 17로 바꿉니다.

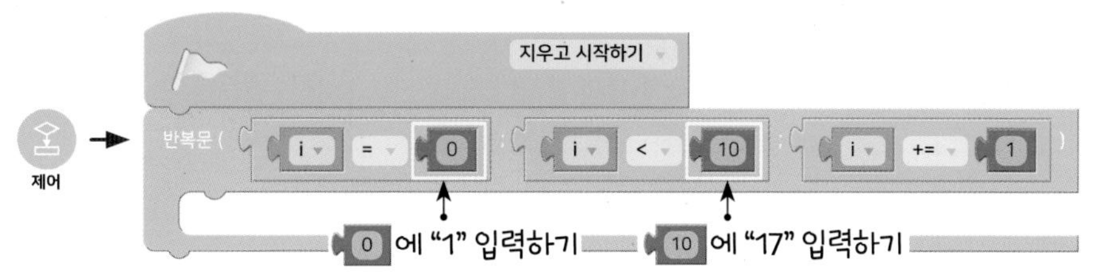

❸ □=△+8이므로 수 블록을 꺼내어 i 블록과 i+8 블록을 만듭니다.

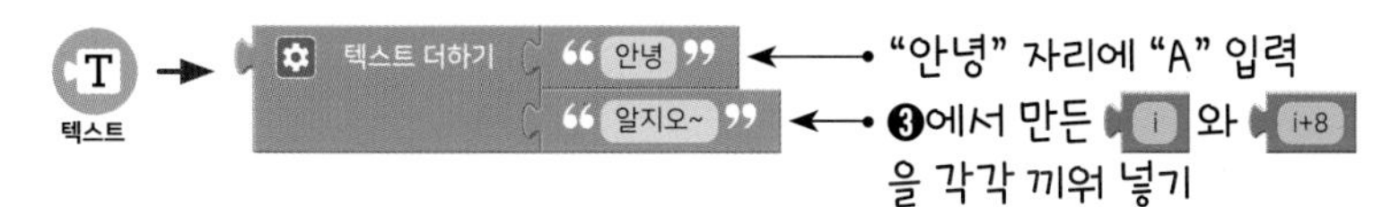

❹ 점 Ai와 점 Ai+8을 나타내는 텍스트 블록을 각각 조립합니다.

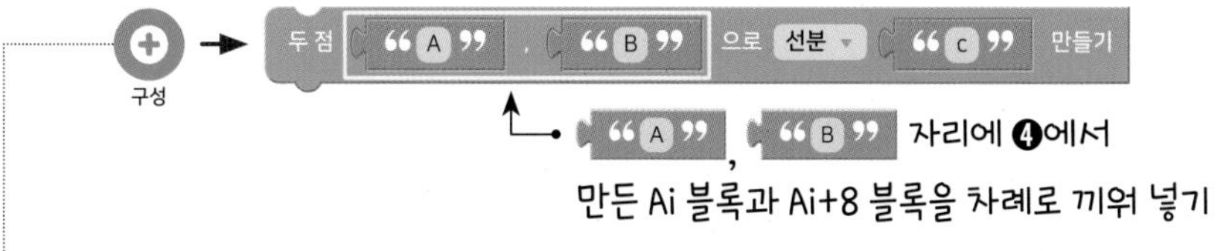

❺ 점 Ai와 점 Ai+8을 잇는 선분을 그어줄 블록을 조립하여 반복문 블록에 끼워 줍니다.

구성

두 점 A , B 으로 선분 C 만들기

A , B 자리에 ❹에서 만든 Ai 블록과 Ai+8 블록을 차례로 끼워 넣기

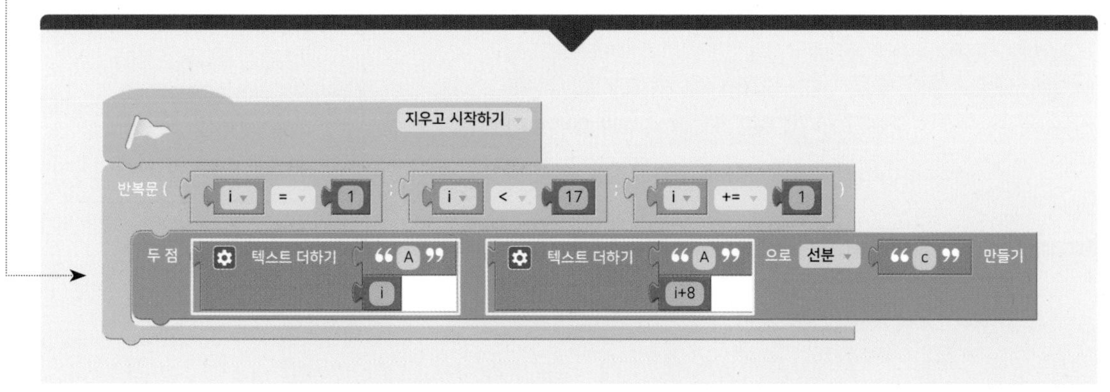

❻ 화면 아래 에서 을 클릭합니다.

3단계
<2단계>에서처럼 계속해서 모든 선분을 하나씩 만들어도 되지만, 반복문 블록을 사용하면 조금 더 간단하게 할 수 있어!

❻

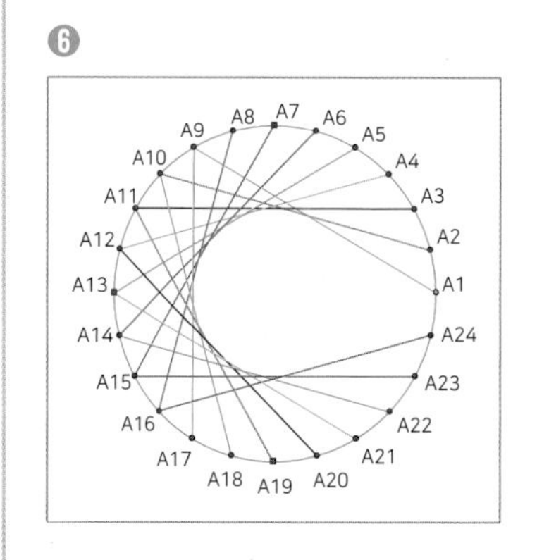

돋보기 반복문 블록에 입력하는 숫자의 뜻

반복문에 적힌 박스 3개는 "i(i)를 1부터 / 17 보다 작은 수까지 / 1 씩 키워가며" 반복하라고 명령하는 것입니다.

4단계 새로운 대응 관계 만들기

❶ <3단계>에서 만들어진 드림캐처를 보고, 점 A17부터 점 A24까지를 연결할 새로운 대응 관계를 찾아봅니다.

※ 점 A9부터 점 A16까지는 선분을 두 개씩 만들고 있으므로, 점 A17부터 점 A24와 점 A1부터 점 A8을 순서대로 연결해 봅시다.

A△	△	17	18	19	20	21	22	23	24
A□	□	1	2	3	4	5	6	7	8

❷ □=△-16은 새로운 대응 관계이므로 새로운 변수 n을 만들고, 수 블록을 꺼내어 n 블록과 n-16 블록을 만듭니다.

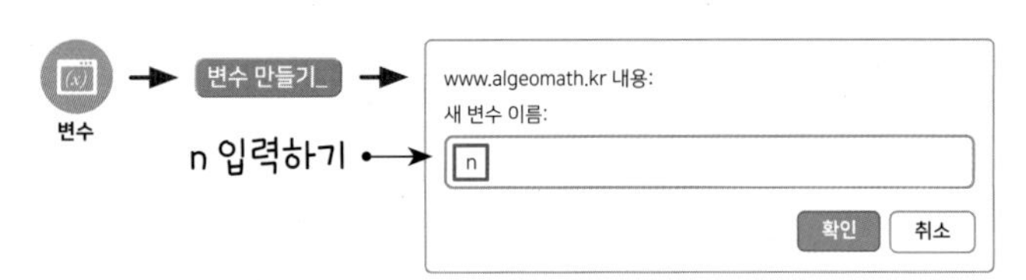

변수
변수 만들기_
www.algeomath.kr 내용:
새 변수 이름:
n 입력하기
n
확인
취소

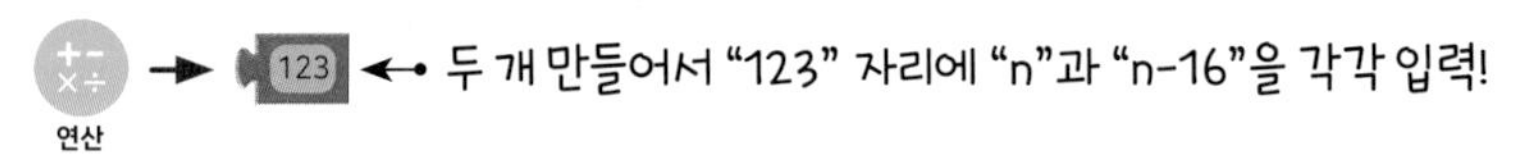

연산
123
두 개 만들어서 "123" 자리에 "n"과 "n-16"을 각각 입력!

❸ 점 An와 점 An-16을 나타내는 텍스트 블록을 각각 조립합니다.

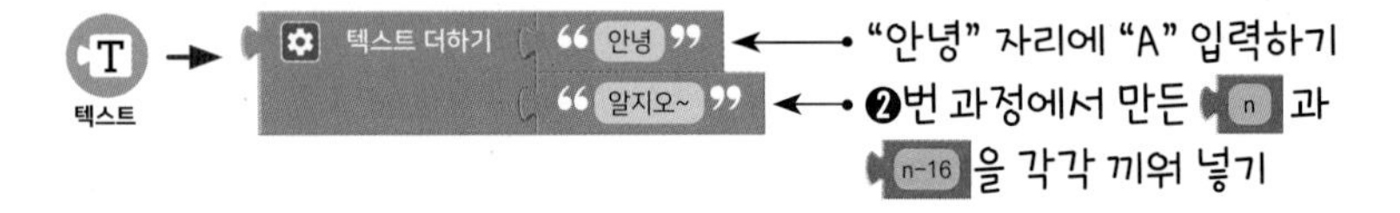

텍스트
텍스트 더하기
안녕
알지오~
"안녕" 자리에 "A" 입력하기
❷번 과정에서 만든 n 과
n-16 을 각각 끼워 넣기

❹ 점 An과 점 An-16을 잇는 선분을 그어줄 블록을 조립합니다.

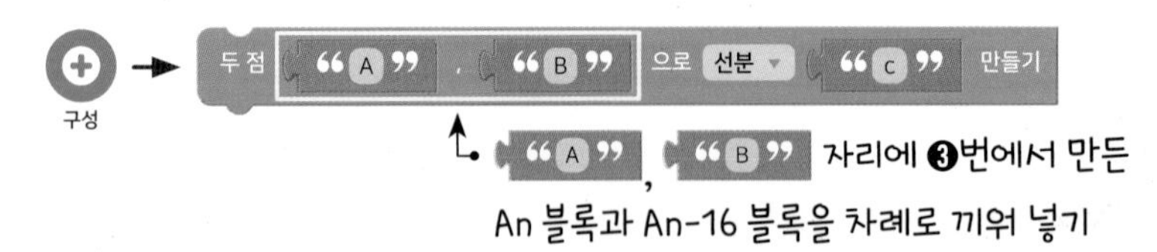

구성
두 점
A
B
으로 선분
C
만들기
A, B 자리에 ❸번에서 만든
An 블록과 An-16 블록을 차례로 끼워 넣기

새로운 대응 관계를
꼭 만들어야 해?
그냥 앞에서 만든
대응 관계로 연결해도
되는 거 아닌가?

한 번 해 봐!
〈3단계〉 반복문을
n이 1부터 25보다 작을 때까지
반복되도록 바꾸면 되겠지?

이게 뭐야...?
변화가 없어!!

맞아. 〈3단계〉 대응 관계에
따르면 점 A17은
점 A25와 연결되어야 해.
그런데 점 A25가 없으니까,
다시 점 A1과 연결해
줘야 한다고~!
새로운 대응 관계가
필요한 이유! 알겠지?

두 점
텍스트 더하기
A
n
텍스트 더하기
A
n-16
으로 선분
C
만들기

잠깐!

드림캐처에서 대응 관계를 만드는 게 어렵다고요?

먼저 점 A1과 어떤 점을 연결한 후, <2단계> ❸에서처럼 계속해서 선분을 그려나가면 다양한 드림캐처를 만들어 볼 수 있어요. <4단계>에서처럼 더 이상 연결될 점이 없으면 점 A1과 다시 연결하는 대응 관계로 바꾸면 된답니다. 그림을 먼저 그려 보면 조금 더 수월할 거예요.

5단계 점 A17부터 점 A24까지 연결하기

❶ <3단계>에서 조립된 블록 아래에 새로운 반복문 블록을 꺼내서 붙이고, 변수를 모두 n으로 바꿉니다.

제어 도구상자에서 찾을 수 있어요.

❷ 점 A17부터 점 A24까지를 연결하는 선분을 계속하여 그어야 하므로, 0, 10 블록의 수를 차례로 17, 25로 바꿉니다.

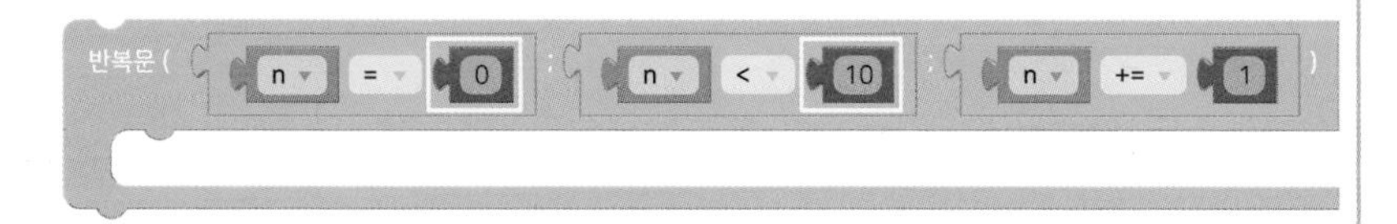

❸ <4단계>에서 만들어 둔 선분 만들기 블록을 끼워 넣어 완성합니다.

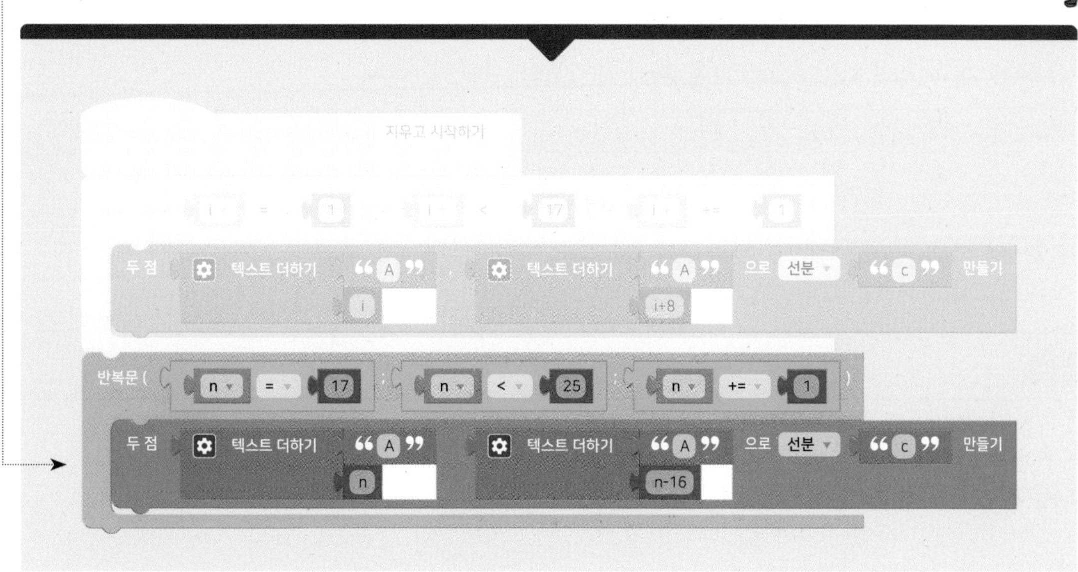

5단계

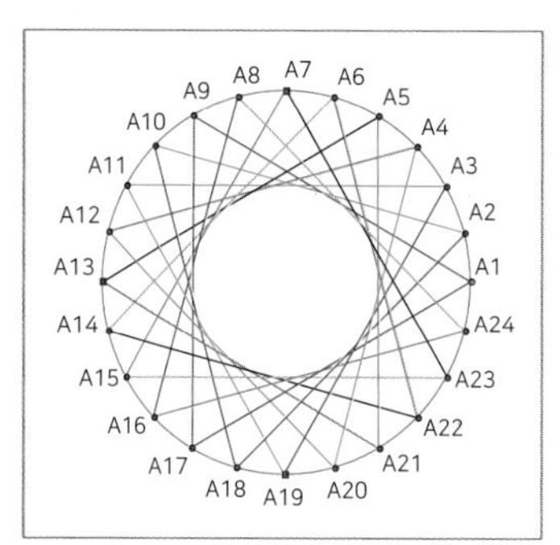

이제 경감님을 악몽으로부터 구해 줄 우리의 드림캐처를 확인해 볼까?
버튼을 클릭해 봐. 어서~!

알지오 수학 탐정단

사건번호 | 3-7

오늘은 경감님이 악몽에서 벗어나실 수 있도록 드림캐처를 만들어 드렸다. 이번 사건의 가장 큰 실마리는 바로 규칙과 대응이었다.

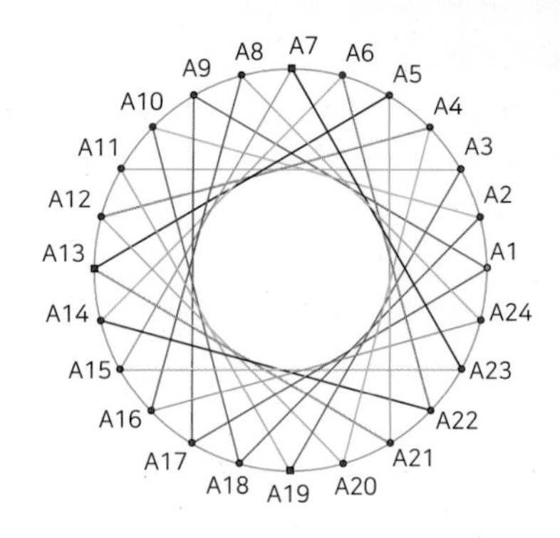

규칙 및 대응 관계 ①

[규칙] 대응시킬 두 점을 A△, A□라고 할 때, □는 △보다 8만큼 크다.

△	1	2	3	4	5	6	7	8	⋯	16
□	9	10	11	12	13	14	15	16	⋯	24

[대응 관계] □를 △로 표현할 수 있다. → □=△+8

규칙 및 대응 관계 ②

[규칙] 대응시킬 두 점을 A△, A□라고 할 때, □는 △보다 16만큼 작다.

△	17	18	19	20	21	22	23	24
□	1	2	3	4	5	6	7	8

[대응 관계] □를 △로 표현할 수 있다. → □=△-16

사건 총평

규칙으로 배열된 드림캐처가 참 아름답게 느껴졌다. 우리 주변에서 규칙을 가지는 것들을 더 찾아보고 대응 관계로 표현해 봐야겠다.

의뢰인의 편지

원주민 홀라만을 위한 새로운 드림캐처를 만들어 주세요!

알지오 탐정단 여러분! 저는 이웃 마을에 사는 원주민 홀라입니다. 얼마 전 마을 SNS에서 알지오 탐정단이 알지오매스로 만든 드림캐처를 봤어요. 반복되는 규칙이 정말 아름답더군요.

그래서 저도 새로운 규칙을 이용한 드림캐처를 의뢰하려고 합니다. 아래 순서에 따라 저만을 위한 아름다운 드림캐처를 만들어 주세요.

(1) 원하는 드림캐처 디자인을 정하고, 오른쪽에 도안을 먼저 그려 보세요.

(2) 그린 선분들의 양쪽 끝점을 대응시키는 대응 관계를 만들어요.

예를 들어 점 A1을 점 A8과 연결한다면, 점 A1부터 점 A17까지의 대응 관계는 △+7 = □입니다. 그리고 점 A18은 다시 점 A1과 연결해야 하므로, 점 A18부터 점 A24까지의 대응 관계는 △-17 = □입니다.

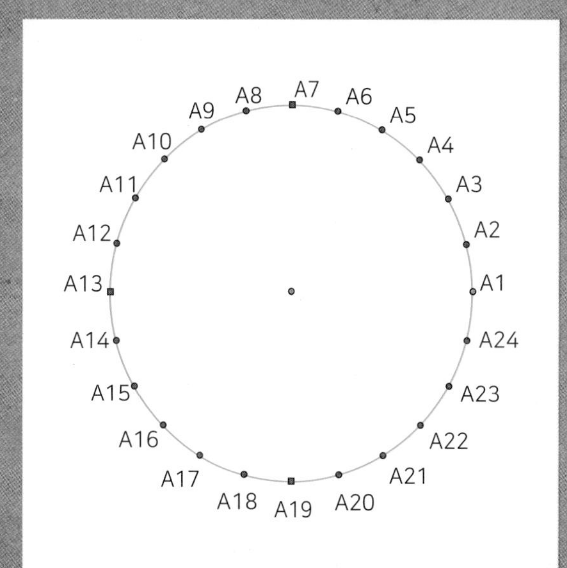

위 대응 관계에 맞추어 알지오매스 블록을 만들어 보세요.

위에서 그린 도안의 대응 관계에 맞게, 아래 블록의 ( ) 안에 알맞은 수를 넣으세요.

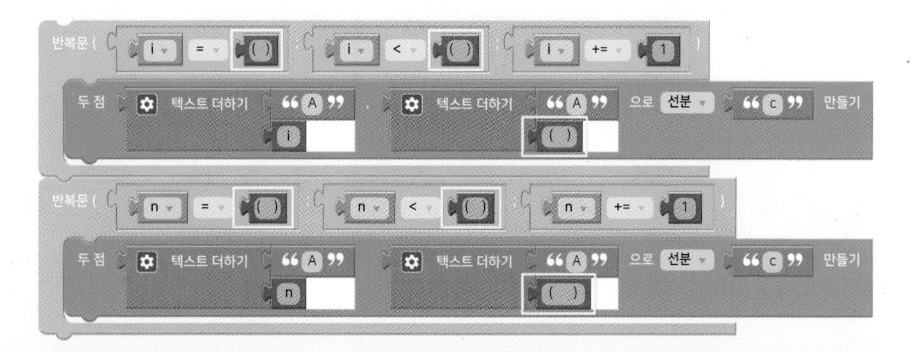

단 원 6학년 2학기 / 원의 넓이

개 념 반지름, 원주율, 원의 넓이

난이도 ★★★★★

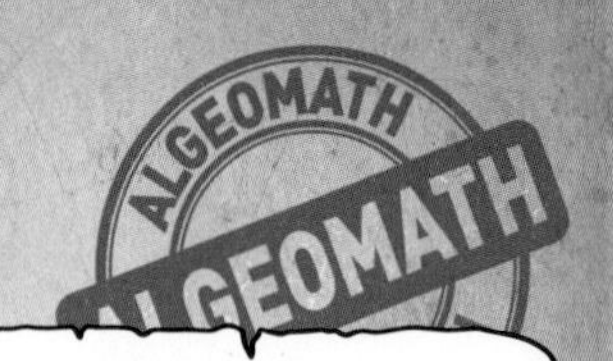

의문의 케이크

사건번호 3-8

웬 케이크지?
편지도 있어!
띵동! 케이크 배달이오~!

지오 탐정에게

존경하는 지오 탐정님! 우리 알지오 마을의 사건사고 해결사 '알지오 탐정 사무소'의 3주년을 축하드립니다. 3주년을 맞이하여 이 케이크를 기념 선물로 준비했습니다.

우와!
오오!

와!! 이렇게 감사한...
잠깐! 이 사람들...

하하하. 수학 탐정에게는 케이크도 그냥 드리면 재미없겠죠? 상자는 케이크 윗면의 넓이를 구하면 열 수 있습니다.

에이... 좋다 말았네.
힌트가 있어!

힌트는 케이크의 모양은 반지름이 1인 원이라는 것입니다. 사각형의 넓이를 구하는 방법만 알고 있던 고대 수학자들을 떠올려 보세요. 아르키메데스, 케플러... 이들은 원의 넓이를 어떻게 구했을까요? 알지오 도안을 하나 첨부합니다.

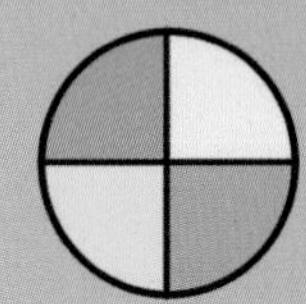

힌트가 되길 바라요, 그럼 안녕~

– 당신들을 항상 응원하는 이웃

그림의 떡이네....
훌쩍...
알지오매스를 이용하면...
내가 있잖아! 빨리 따라오라구!!

단서

수집하기

현장 단서

단서 1 케이크는 반지름이 1인 원 모양이다.

반지름을 이용하여 원의 넓이를 구하자.

단서 2 사각형의 넓이를 구하는 방법만 알고, 원의 넓이를 구하는 방법은 모른다.

원을 넓이가 같은 사각형으로 바꿔 보자.

수학 단서

원주(원의 둘레)는
(원주) = (지름) × (원주율)이다.

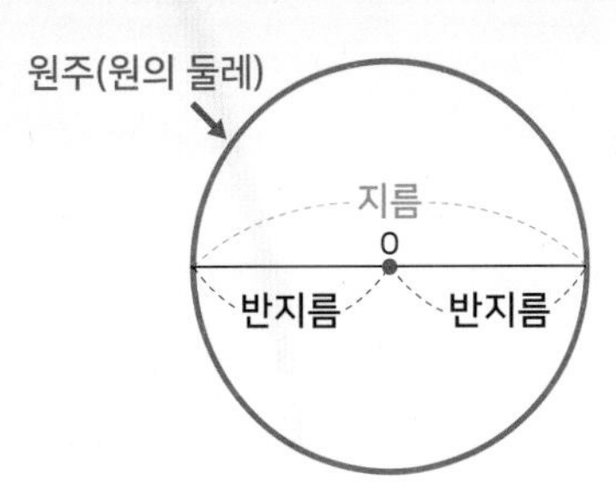

흠.. 원을 어떤 도형으로 바꿀 수 있을까?

이번 사건은 초보 탐정단이 혼자 진행하기 어려운 사건이야. 탐정 지오와 함께 해결하자구! 사건 해결하기에서 도안을 열고 따라와~!

알지오매스 단서

임무 수행	도구 선택
원을 쪼개고, 다시 붙여 다른 도형으로 바꾸기	사건 해결하기에 삽입된 도안을 이용한다.

도안 준비
모바일 QR코드 찍기
PC 모둠에서 열기

1단계 도안 준비하기

❶ 알지오매스 블록코딩을 이용하여 원의 넓이를 구하는 식을 확인하기 위해 도안을 준비합니다. (오른쪽 참고)

※ 낯선 블록이 있더라도 당황하지 말고, 도안 안에 짜여진 블록코딩을 실행해서 사건을 해결해 보세요.

❷ 오른쪽 그림과 같이 나타나는 기하 창을 확인합니다.

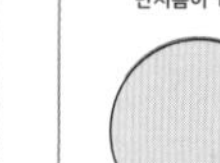

반지름이 1인 원 원을 2×n개로 잘라 이어붙인 모양

왼쪽 블록 창의 ▶ 표시를 눌러 숫자를 입력하세요.
입력한 숫자의 두 배만큼 원을 잘라 이어붙이기 합니다.

원의 넓이를 구하기 위해서는 먼저, 우리가 넓이를 구할 수 있는 도형으로 원을 바꿔야 해요. 도안을 열고 기하 창에서 어떤 도형이 만들어지는지 함께 확인해 봅시다.

2단계 원을 잘라 이어붙이고 관찰하기

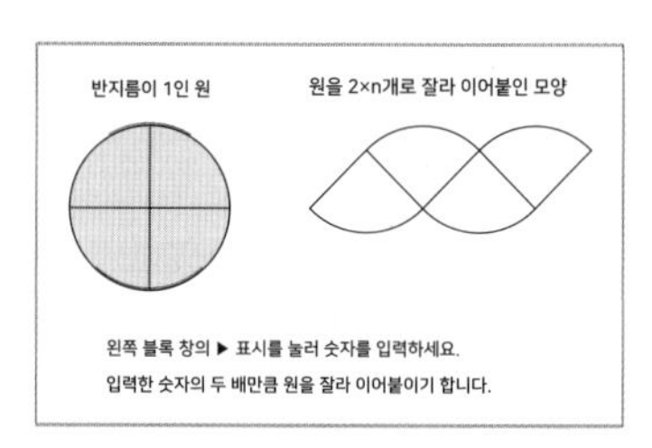

❶ 화면 왼쪽 메뉴에서 [아이콘]([아이콘])을 선택하여 블록코딩 창을 열어 줍니다.

❷ 화면 아래 [▶]을 클릭하면 나타나는 팝업 창에 2를 입력합니다.

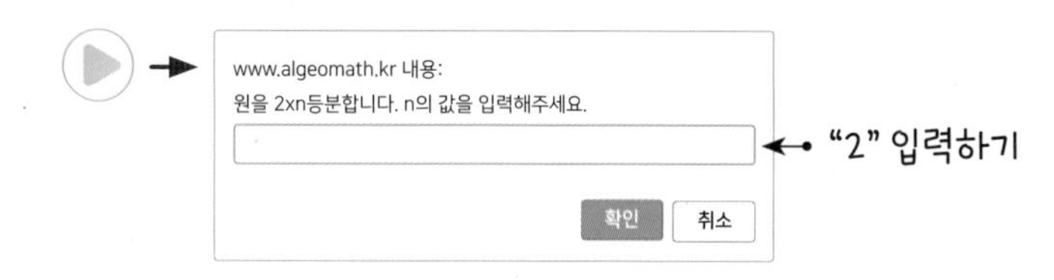

❸ 원을 4등분하여 이어붙인 모양을 확인합니다.

※ 잘려진 원의 각 부분들이 어떻게 이어붙여지는지 확인합니다.

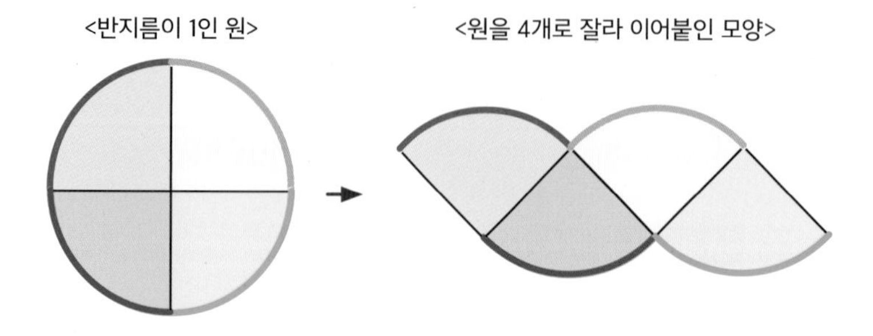

❹ 다시 화면 아래 [▶]을 클릭하여 3을 입력합니다.

2를 입력했는데 왜 4조각으로 잘려?

팝업 창 메시지를 잘 읽어 봐. "원을 2×n등분합니다."라고 적혀 있잖아? 2를 입력하면 2×2, 즉 4등분한다는 뜻이지~!

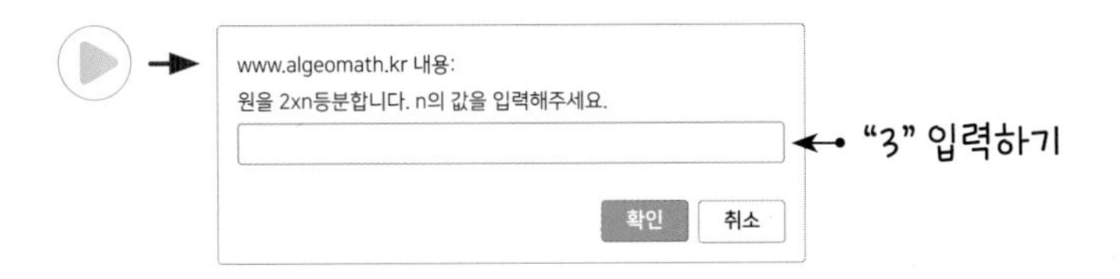

❺ 원을 6등분하여 이어붙인 모양을 확인합니다.

3단계 이어붙인 모양의 변화 관찰하기

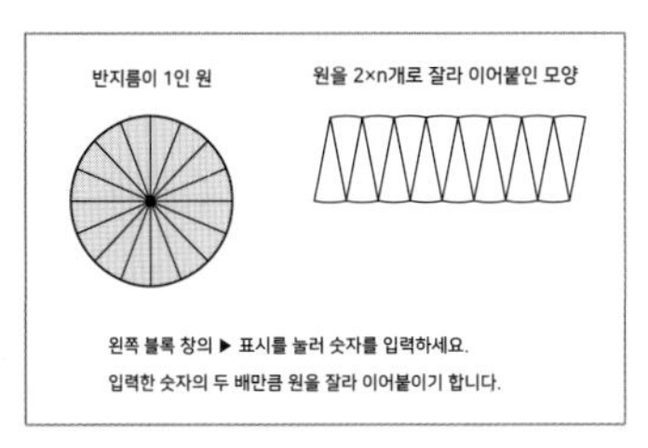

❶ 화면 아래 ▶을 클릭하여 4, 8, 16, 32를 순서대로 입력하며 원을 이어붙인 모양의 변화를 관찰합니다.

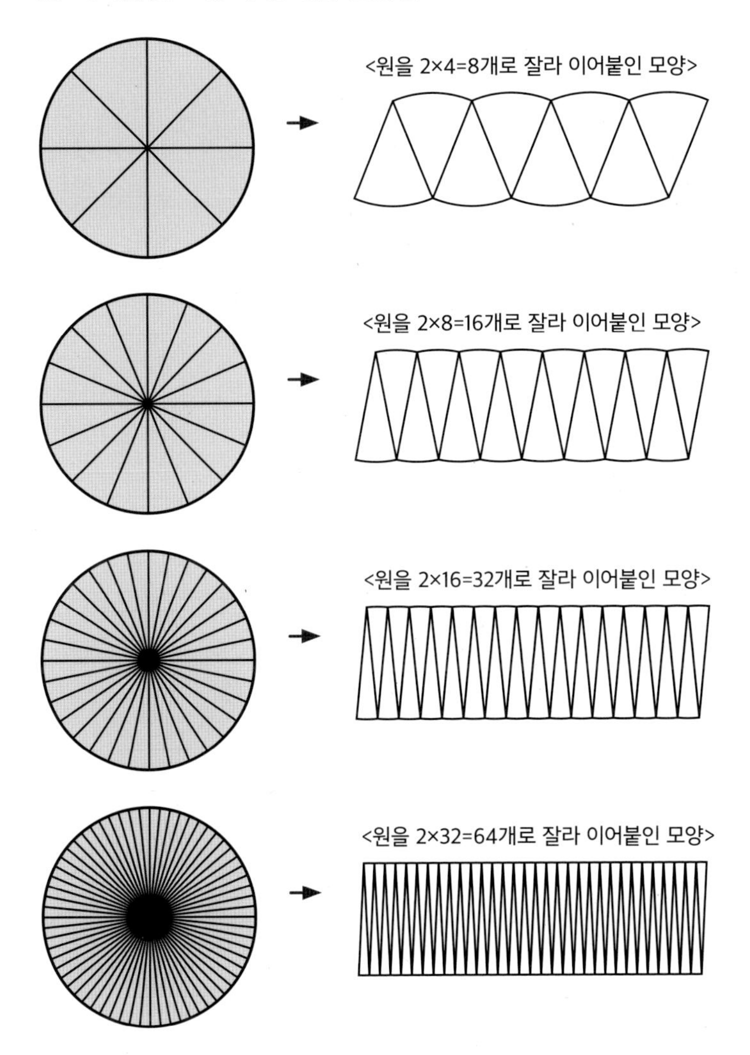

숫자가 커질수록 모양이 점점 (ㅈㅅㄱㅎ)이랑 비슷해지는데?

정답: 직사각형

그렇지? 올록볼록한 모양도 점점 안 보이는 거 같고…

그래서 고대 수학자들이 원의 넓이 구하는 공식을 알아내기 전에는, 이렇게 해서 원의 넓이를 구했다고 하더라고~

❷ 계속해서 더 큰 수를 입력해 보면서, 원을 잘라 이어붙인 모양이 어떤 도형이 되어가는지 생각해 봅니다.

입력하는 수가 커질수록 명령을 실행하는 시간이 길어지죠? 큰 수를 처리하기 위해 알지오매스에게도 시간이 필요해요.

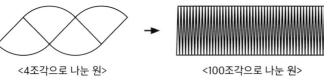

돋보기 원을 잘라 이어붙인 모양은 어떤 도형인가요?

원을 4조각, 100조각, ... 계속해서 더 많은 조각으로 잘라 이어붙이면 모양은 직사각형에 가까워집니다.

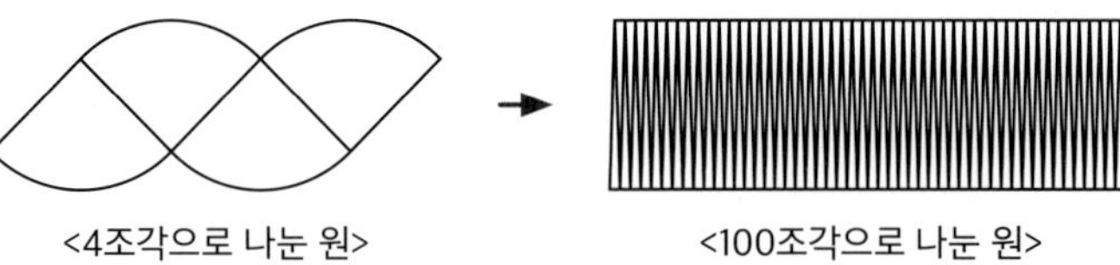
<4조각으로 나눈 원>
<100조각으로 나눈 원>

와!!! 신기해!!
그럼 직사각형이니까,
가로와 세로만
알아내면 끝이다~!!

4단계 만들어진 직사각형의 가로와 세로

❶ 화면 오른쪽 위 환경설정(⚙)에서 그리드 보기 설정을 켭니다.

그리드 보기 설정
버튼을 밀기

❷ 화면 아래 (▶)을 클릭하여 50을 입력합니다.

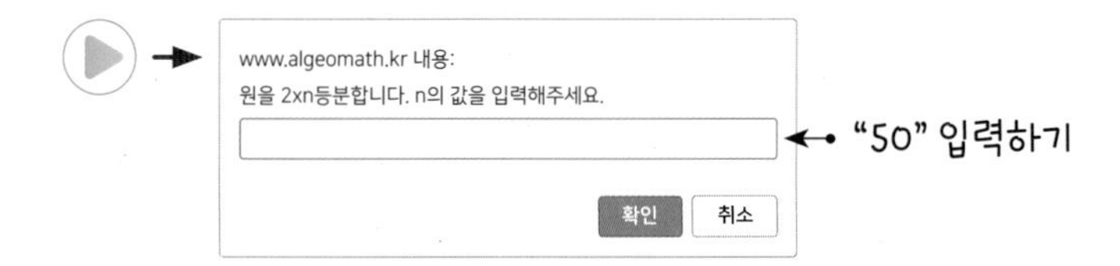
www.algeomath.kr 내용:
원을 2xn등분합니다. n의 값을 입력해주세요.
확인
취소
"50" 입력하기

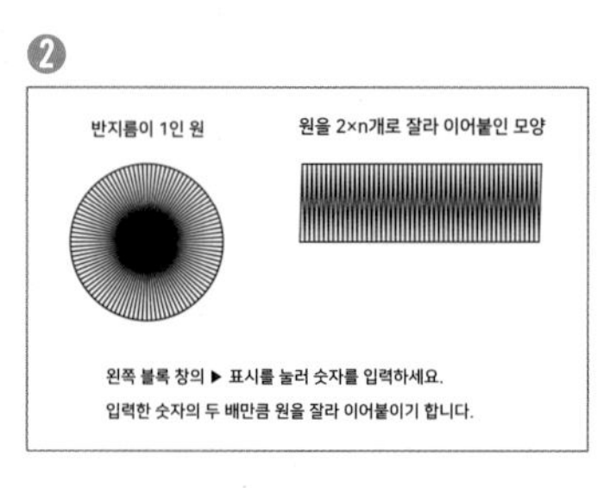
반지름이 1인 원
원을 2×n개로 잘라 이어붙인 모양
왼쪽 블록 창의 ▶ 표시를 눌러 숫자를 입력하세요.
입력한 숫자의 두 배만큼 원을 잘라 이어붙이기 합니다.

❸ 원을 100개로 똑같이 나누어 이어붙였을 때, 가로가 약 얼마인지 눈금을 확인합니다.

※ 원을 더 많은 조각으로 잘라 이어붙일수록 가로는 3.14에 가까워집니다.

50보다 더 큰 수도
넣어 볼까?

❹ (직사각형의 넓이) = (가로) × (세로)

= 3.14 × 1 = 3.14

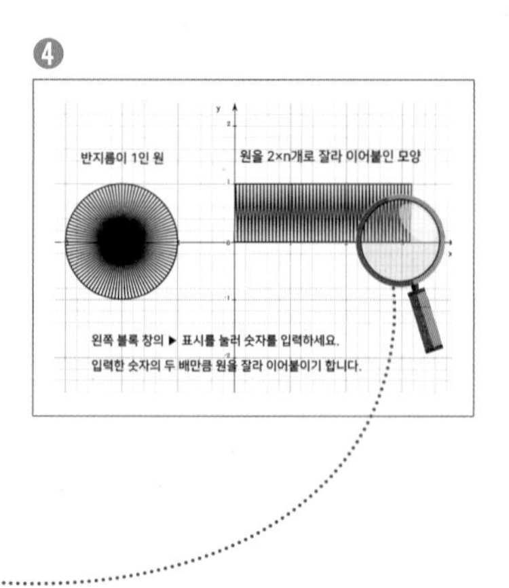
반지름이 1인 원
원을 2×n개로 잘라 이어붙인 모양
왼쪽 블록 창의 ▶ 표시를 눌러 숫자를 입력하세요.
입력한 숫자의 두 배만큼 원을 잘라 이어붙이기 합니다.

잠깐!

가로를 알아보려면 가로로 놓인 수직선의 눈금을 확인하면 돼요. 직사각형의 가로는 0에서 시작하니까 끝나는 부분이 닿는 눈금의 숫자가 가로예요. 눈금이 잘 보이지 않으면 화면을 확대해 보세요. 좌표를 확대해서 보려면 PC에서는 마우스 스크롤 업, 모바일에서는 두 손가락을 이용해 화면을 확대해요.

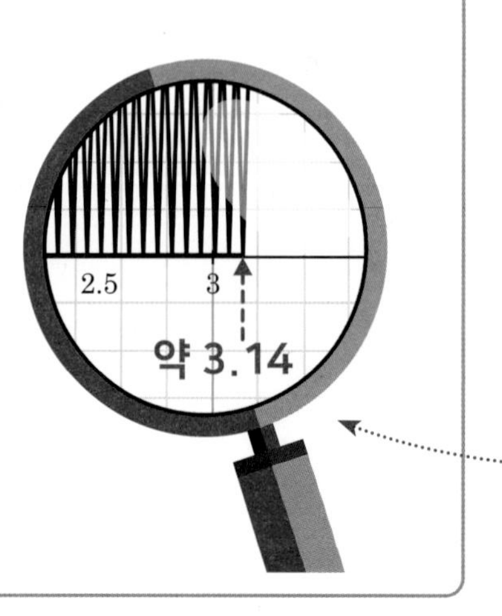
2.5
3
약 3.14

5단계 반지름이 1인 원의 넓이를 구하는 방법

❶ [cm] → [cm 길이] → 원의 둘레를 나타내는 곡선을 클릭하여 원의 둘레(원주)를 측정한 후, 직사각형의 가로와 비교해 봅니다.

※ 원의 둘레는 직사각형 가로의 몇 배인지 확인합니다.

❷ 원을 여러 번 잘라서 이어붙였을 때 만들어지는 직사각형의 가로와 세로는 각각 자르기 전에 원의 어떤 부분이었을지 적어 봅니다.

※ <2단계> ❸ 과정을 다시 떠올리며 생각해 보세요.

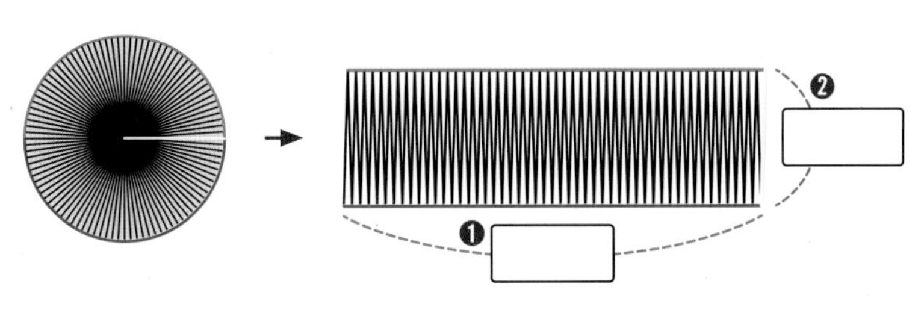
❶
❷

정답: ❶ 원의 둘레의 $\frac{1}{2}$ ❷ 원의 반지름

❸ 직사각형으로 바뀐 원의 넓이를 구합니다.

돋보기 직사각형으로 바뀐 원의 넓이를 구해요.

원의 넓이는 만들어진 직사각형의 (가로)×(세로)입니다. 원을 잘라 이어 붙여 만든 직사각형의 가로는 **원주(원의 둘레)의 $\frac{1}{2}$**, 세로는 **반지름**입니다.

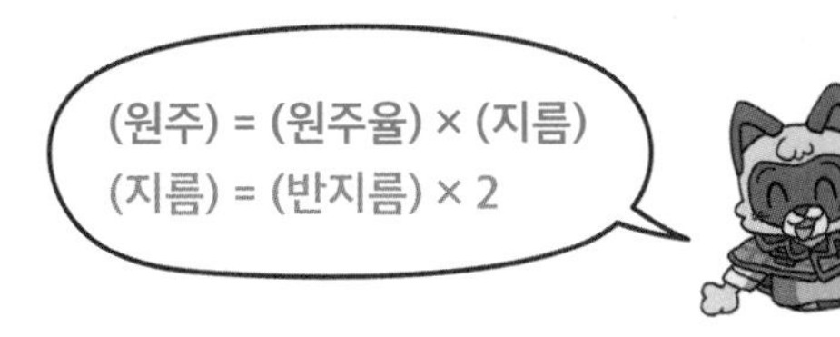
(원주) = (원주율) × (지름)
(지름) = (반지름) × 2

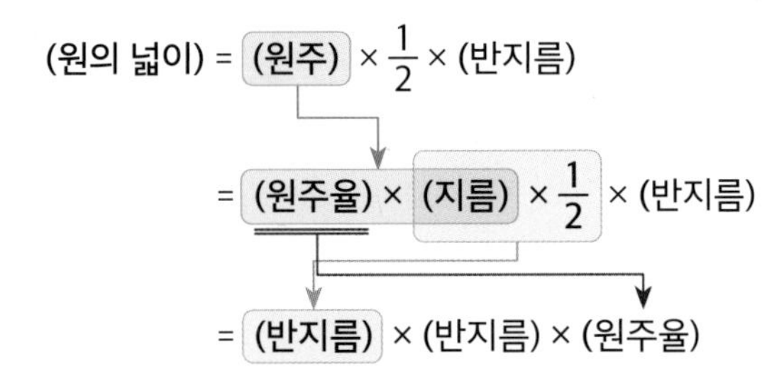
(원의 넓이) = (원주) × 1/2 × (반지름)
= (원주율) × (지름) × 1/2 × (반지름)
= (반지름) × (반지름) × (원주율)

5단계

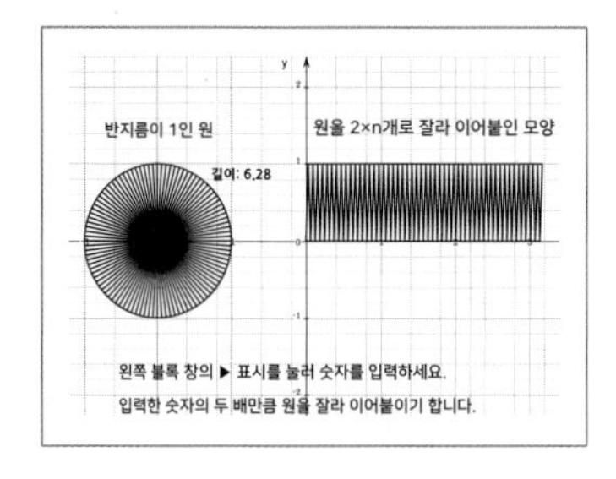
반지름이 1인 원
원을 2×n개로 잘라 이어붙인 모양
길이: 6.28
왼쪽 블록 창의 ▶ 표시를 눌러 숫자를 입력하세요.
입력한 숫자의 두 배만큼 원을 잘라 이어붙이기 합니다.

그러고 보니까 원을 잘게 잘라서 나온 부채꼴을 한 번은 뒤집고, 한 번은 바로 넣어가면서 붙인 거잖아…?

아…! 그래서 정확하게 원의 둘레가 파란선 부분과 빨간선 부분으로 나뉘어진 거구나!

아하! 그럼 케이크의 모양은 반지름이 1인 원이라고 했으니까, 원주율을 3.14라고 하면…

넓이는 1 × 1 × 3.14 = 3.14겠네!

이제 케이크를 먹을 수 있겠군! 신나~~

사건번호 | 3-8

오늘은 탐정 사무소 3주년을 맞이하여 받은 케이크 상자를 열기 위해
원의 넓이를 구하는 방법을 알아냈다. 비밀은 원을 직사각형으로 바꾸는 데 있었다.

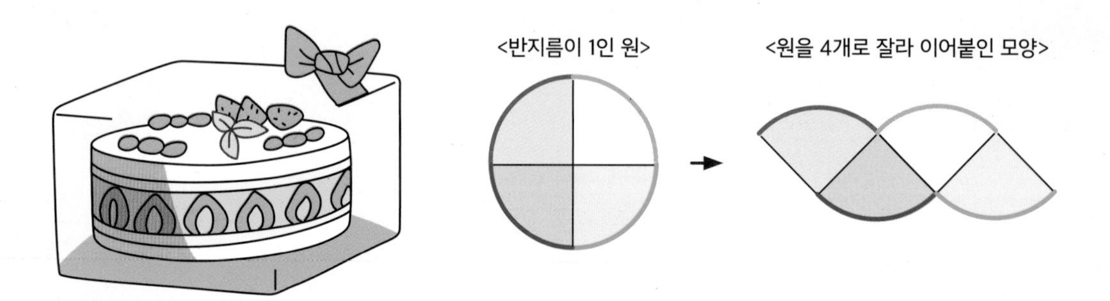

원의 넓이

(원의 넓이) = (직사각형의 넓이)

= (가로) × (세로)

= (원주) × $\frac{1}{2}$ × (반지름)

= (원주율) × (지름) × $\frac{1}{2}$ × (반지름)

= (반지름) × (반지름) × (원주율)

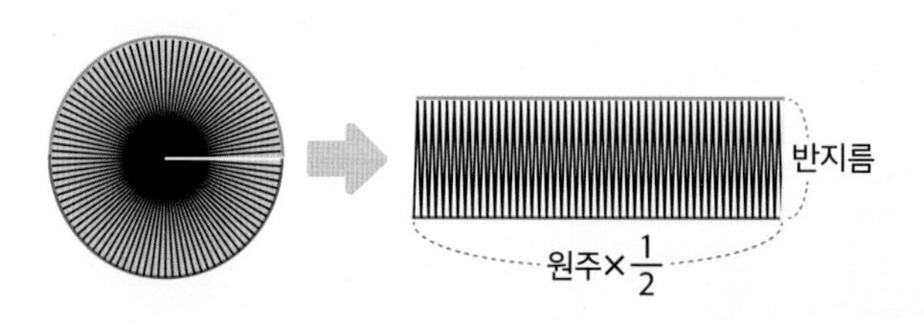

사건 총평

원을 한없이 잘라 이어붙여 원의 넓이를 구했다니 고대 수학자들은 정말 대단하다.
옛 수학자들의 고민을 알아보면 앞으로의 사건 해결에도 많은 도움이 될 것 같다.

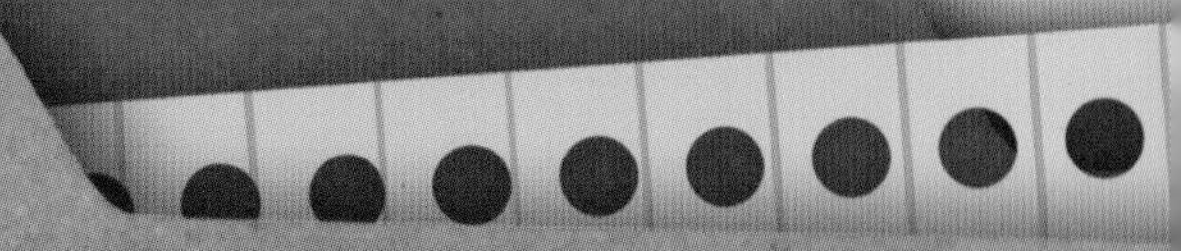

의뢰인의 편지

원을 사랑한 수학자들을 아시나요?

알지오 탐정단 여러분! 저는 당신의 이웃이자 이번 사건의 의뢰인입니다. 역시 소문난 탐정단답게 원의 넓이를 구하는 방법을 한번에 알아냈군요. 정말 대단해요! 원을 직사각형으로 바꿔서 넓이를 구할 생각을 했다니, 고대 수학자들의 생각이 그저 놀라울 따름입니다.

원을 무한히 잘게 잘라서 위아래로 이어붙이면 직사각형 모양에 가까워지지요? 이렇게 무한의 생각에 접근해서 원을 생각한 수학자가 또 있었답니다. 바로 '아르키메데스'입니다.

아르키메데스는 원의 넓이에 가까운 정다각형의 넓이를 계산하며 원의 넓이의 대략적인 값을 추측하려고 노력했습니다. 원 내부에 딱 맞는 정사각형, 정오각형, 정육각형, ... 이렇게 변의 수를 무한히 늘려가면 정다각형의 넓이가 결국 원의 넓이와 같아진다는 생각에서 비롯된 것이지요. 아르키메데스의 이런 노력은 후대 수학자 '케플러'에게 이어져 원을 잘게 잘라 직사각형 모양을 만들어 원의 넓이를 구하는 방법이 되었답니다. 수학의 역사는 알면 알수록 재미있지요? 무한을 상상하는 능력이 원의 넓이를 구하는 출발이 되었답니다.

참, 케이크는 맛있었나요? 맛있게 먹었길 바랍니다. 앞으로도 우리 알지오 마을을 잘 부탁해요~!

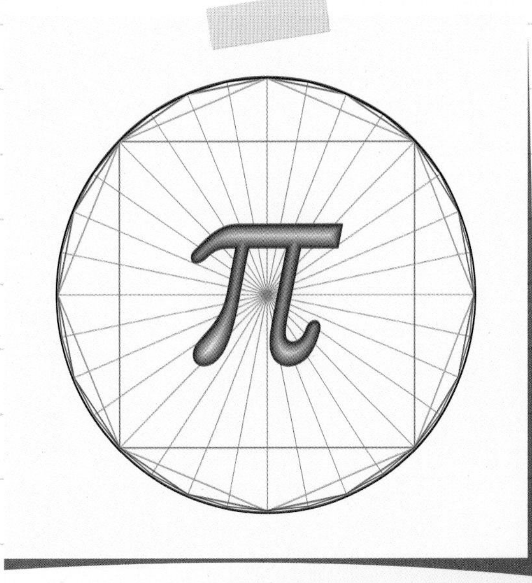

수학 개념별 찾아보기

교과서 수학 단원별 찾아보기

학년·학기	단원	개념	쪽	부
3학년 1학기	평면도형	선분, 반직선, 직선	40쪽	2부
		정사각형	106쪽	3부
3학년 2학기	원	원의 중심, 반지름	46쪽	2부
4학년 2학기	삼각형	정삼각형	116쪽	3부
	사각형	사다리꼴, 평행사변형	52쪽	2부
		평행, 동위각, 엇각	64쪽	2부
		마름모	138쪽	3부
	다각형	다각형, 정다각형	58쪽	2부
		정다각형	122쪽	3부
		정다각형의 한 내각의 크기	146쪽	3부
5학년 1학기	규칙과 대응	규칙, 대응 관계	154쪽	3부
5학년 2학기	합동과 대칭	선대칭도형	80쪽	2부
		점대칭도형	86쪽	2부
6학년 1학기	비와 비율	비, 닮음	130쪽	3부
		닮음	146쪽	3부
6학년 2학기	비례식과 비례배분	비, 비율, 황금비	72쪽	2부
		비율, 비례식	98쪽	2부
	원의 넓이	반지름, 원주, 원주율	92쪽	2부
		반지름, 원주율, 원의 넓이	162쪽	3부

알지오 마스터상

이름

위 어린이는 알지오매스를 통해
수학적 개념을 이해하고
논리적 사고력을 키우며
꾸준히 코딩을 공부했기에
알지오 마스터상을 주어 칭찬합니다.

알지오 수학 탐정단